国之重器出版工程

网络强国建设

物联网在中国

物联网技术与应用

IoT Technology and Application

宗平 秦军 编著

電子工業出版社
Publishing House of Electronics Industry
北京 · BEIJING

内 容 简 介

近年来，物联网技术迅猛发展，相关应用不断落地。本书从内涵到外延、从理论到应用、从现状到前景，对物联网进行了全方位的介绍；同时，对物联网涉及的相关技术，如 RFID 技术、传感器与传感网、无线通信、5G 技术、嵌入式系统、云计算等进行了详细介绍；另外，介绍了物联网安全与标准体系、发展策略，并在最后给出了物联网典型应用，包括智能制造与工业互联网、智慧农业、智能交通与车联网、智慧医疗与健康养老、智慧节能环保、智慧校园等。

本书可作为物联网从业人员、政府管理者、高校相关专业学生和对物联网感兴趣的相关人员的参考用书。

图书在版编目（CIP）数据

物联网技术与应用 / 宗平，秦军编著. —北京：电子工业出版社，2021.6
（物联网在中国）
ISBN 978-7-121-41509-8

Ⅰ. ①物… Ⅱ. ①宗… ②秦… Ⅲ. ①物联网－研究 Ⅳ. ①TP393.4②TP18

中国版本图书馆 CIP 数据核字（2021）第 132399 号

责任编辑：徐蔷薇　　文字编辑：王　群
印　　刷：北京七彩京通数码快印有限公司
装　　订：北京七彩京通数码快印有限公司
出版发行：电子工业出版社
　　　　　北京市海淀区万寿路 173 信箱　　邮编：100036
开　　本：720×1000　1/16　印张：11.75　字数：205 千字
版　　次：2021 年 6 月第 1 版
印　　次：2024 年 1 月第 3 次印刷
定　　价：99.00 元

凡所购买电子工业出版社图书有缺损问题，请向购买书店调换。若书店售缺，请与本社发行部联系，联系及邮购电话：（010）88254888，88258888。

质量投诉请发邮件至 zlts@phei.com.cn，盗版侵权举报请发邮件至 dbqq@phei.com.cn。
本书咨询联系方式：wangq@phei.com.cn，910797032（QQ）。

《物联网在中国》(二期)

编委会

《国之重器出版工程》
编辑委员会

专家委员会委员（按姓氏笔画排序）：

郑纬民　中国工程院院士
郑建华　中国科学院院士
屈贤明　国家制造强国建设战略咨询委员会委员、工业和信息化部智能制造专家咨询委员会副主任
项昌乐　中国工程院院士
赵沁平　中国工程院院士
郝　跃　中国科学院院士
柳百成　中国工程院院士
段海滨　“长江学者奖励计划”特聘教授
侯增广　国家杰出青年科学基金获得者
闻雪友　中国工程院院士
姜会林　中国工程院院士
徐德民　中国工程院院士
唐长红　中国工程院院士
黄　维　中国科学院院士
黄卫东　“长江学者奖励计划”特聘教授
黄先祥　中国工程院院士
康　锐　“长江学者奖励计划”特聘教授
董景辰　工业和信息化部智能制造专家咨询委员会委员
焦宗夏　“长江学者奖励计划”特聘教授
谭春林　航天系统开发总师

前言

人与人的沟通与交流是人类的基本需求。从有语言开始，人类就没有停止过对自由交流的追求，相关技术也在不断发展，从书信、电话、互联网到物联网，技术的迭代给我们的工作与生活带来了直接的变化。

从 2009 年开始，全球物联网技术与应用进入了一个快速发展的阶段，物联网已被列为我国战略性重点发展产业。2010 年，在第十一届全国人民代表大会第三次会议上，首次将物联网产业发展写入政府工作报告。

我国物联网相关技术的研究工作基本与国际同步。国家自然科学基金及“863 计划”“973 计划”等都对物联网产业给予了较多的支持，就当前情况来看，我国物联网发展与其他国家相比具有同发优势。

本书力求从知识体系的角度来阐述物联网的起源、概念、技术和典型应用，旨在使读者能够深入且全面地理解物联网。在本书的编写过程中，参考或引用了一些相关文献，已在书末列出，在此，向有关作者和专家表示感谢，若有疏漏之处，在此一并表示歉意。

由于作者水平有限，书中如有不当之处，恳请读者指正。

编著者

2021 年 1 月

目录

第1章
绪论

随着社会各领域信息化的不断深入，大量的场景需要许多智能化的机器到机器、机器到人的通信，物联网应用需求日益凸显，并将成为新的发展趋势。本章从技术的进步、社会需求的更迭、信息技术的运用等多个角度，阐述物联网的起源与发展，并从国家战略高度考虑物联网在未来的重要作用。

1.1 背景

人类一直没有停止过对自由交流的追求。人与人的沟通与交流是人类的基本需求。从语言到电话，从文字到印刷，再到如今的互联网，人们把目光投向身边的各种物体，开始设想如何与它们进行交流，期望能够实现人与物之间的信息互传和操控互动。物联网的英文是“Internet of Things”（IoT），直译过来就是“物体的互联网”，其愿景是让每个目标通过相关的技术接入网络，在“随时”“随地”两个维度自由交流的基础上，再增加一个“随物”的第三维度的自由交流途径。

1991 年，在剑桥大学发生的咖啡壶事件吸引了上百万人关注一个名为“特洛伊”的咖啡壶。剑桥大学特洛伊计算机实验室的工作人员在工作期间需要走两层楼梯到楼下查看咖啡是否煮好，但常常空手而归，这让工作人员觉得很烦恼。为了解决这个问题，他们编写了一套程序，并在咖啡壶旁边安装了一个便携式摄像机，将镜头对准咖啡壶，利用计算机图像捕捉技术，以 3 帧/秒的速率将获取的图像传递到实验室的计算机上，以方便随时查看咖啡是否煮好。1993 年，这套简单的本地“咖啡观测系统”又经过其他同事的更新，以 1 帧/秒的速度通过实验室网站连接互联网。没想到的是，仅为了窥探“咖啡煮好了没有”，全世界互联网用户“蜂拥而至”，短期内近 240 万人访问了这个名噪一时的“咖啡壶”网站。此外，还有数以万计的电子邮件涌入剑桥大学旅游办公室，发件人希望能有机会亲眼看看这个神奇的咖啡壶。具有戏剧性的是，这只被全世界“偷窥”的咖啡壶因此闻名于世，2001 年 8 月，这只著名的咖啡壶在 eBay 拍卖网站上以 7300 美元的价格卖出。

另一个有趣的实例是大学校园内的一个特殊的自动售货机。1995 年夏天，美国卡内基梅隆大学的校园内有一台自动售货机，出售各种可乐，价格仅为市场上的一半，所以很多学生都会在这个特殊的自动售货机上买可乐。但是，不少学生大老远跑过去，经常发现可乐已经售完，白跑一趟。于是有几个聪明的学生想了一个办法，他们在自动售货机里装了一串光电管，用来计数，看还剩下多少罐可乐，然后把自动售货机与互联网对接。这样，学生们在去买可乐前，可以先在网上查看一下还剩下多少罐可乐，免得白跑一趟。后来美国 CNN 电视台还专程去实地拍摄了一段视频。这个想法实际上很简单，就是将传感器与互联网相连，实时获取自动售货机内的可乐数量。

1995 年，微软公司总裁比尔·盖茨撰写了《未来之路》一书。在这本书中，他预测了微软乃至整个科技产业未来的走势，他在书中提及：“虽然现在看来这些预测不太可能实现，甚至有些荒谬，但是我保证这是本严肃的书，而绝不是戏言。10 年后我的观点将会得到证实。”在该书中，比尔·盖茨给出了许多构想，但受限于当时的技术水平，这些构想无法真正实现。目前来看，当时的构想都已成为现实，如“您将会自行选择收看自己喜欢的节目，而不是等着电视台为您强制性设定”。如今的数字电视已经实现了视频点播功能，机顶盒功不可没。用户还可以通过网络，使用网络电视来达到上述目的。又如，“如果您计划购买一台冰箱，您将不用再听那些喋喋不休的推销员唠叨，电子论坛将会为您提供最为丰富的信息”。如今我们在互联网上，几乎可以找到任何自己想要的信息。再如，“如果您的孩子需要零花钱，您可以从计算机钱包中给他转 5 美元。另外，当您驾车驶过机场大门时，电子钱包将会自动连接机场购票系统，为您购买机票，而机场的检票系统将会自动检测您的电子钱包，查看是否已经购买机票”。如今的信用卡支付、网上支付、移动支付、eBay 服务、电子机票服务共同开启了电子商务时代。这里体现出一种新思想，即通过网络不仅可以连接计算机，提供一个虚拟的信息世界，还可以通过网络连接物体，提供一个现实的物质世界。

1998 年春，根据美国零售连锁业联盟的估计，美国几大零售业者，一年内因为货品管理不良而遭受的损失高达 700 亿美元，如 1997 年宝洁公司的欧蕾保湿乳液上市，商品畅销，许多商店常常缺货，但是由于商品查补的速度太慢，使得宝洁公司“眼睁睁地看着钱一分一秒从货架上流失”。时任宝洁公司营销副总裁的 Kevin Ashton 为了改善这种状况，准确给出货品配比与提高销售量，提出了应用射频识别（RFID）技术来取代现行的商品条形码，用电子标签来标志零售商品，有效获取商品的实时销售状态，以便及时补充货源，实现供应链管理的自动化。在宝洁公司和吉列公司的赞助下，Kevin Ashton 与美国麻省理工学院（MIT）的教授们共同创立了一个 RFID 研究机构——自动识别中心（Auto-ID Center），他本人出任中心的执行主任。该中心成立于 1999 年 10 月 1 日，正值条形码问世 25 周年。EPC Global 于 2003 年 11 月 1 日将自动识别中心更名为自动识别实验室，用于为 EPC Global 提供技术支持。Kevin Ashton 的动机很简单，就是将所有物品通过信息传感设备与互联网相连，实现智能化识别和管理。MIT 自动识别中心提出，要在计算机互联网的基础上，利用 RFID、无线传感网（WSN）、数据通信等技术，使物品（商品）之间能够无须人的干预而彼此进行“交流”。Kevin Ashton 认为，这为公司创造了一种使用传感器识别世界各地商品的方法，将彻底改变以往从生产厂商到顾客，甚至通过回收产品来跟踪产品的固有模式。

2005 年 11 月 17 日，在突尼斯举行的信息社会世界峰会上，国际电信联盟（ITU）发布了 *Internet Reports 2005：The Internet of Things* 报告，正式提出了物联网的概念。该报告指出，无所不在的物联网通信时代即将来临，世界上所有的物品——从轮胎到牙刷、从房屋到纸巾——都可以通过互联网主动进行数据交换。RFID 技术、传感器技术、纳米技术、智能嵌入这四项技术将得到更加广泛的应用。根据 ITU 的描述，在物联网时代，通过在各种各样的日常用品上嵌入一种短距离的移动收发器，人类在信息与通信世界里将获得一个新的沟通维度，从任何时间、任何地点的人与人之间的沟通连接，扩展到人与物、物与物之间的沟通连接。

Internet Reports 2005：The Internet of Things 报告给出了一个示例来描绘在应用物联网技术后的新生态环境。在 2020 年的某一天，一个 23 岁的

西班牙学生 Rosa 和她的男友发生了争执，她需要一点时间自己静一静，因此，她决定周末自己开车去法国阿尔卑斯滑雪。但是，她必须先去一趟汽车修理厂，因为汽车的 RFID 传感系统（当地法律规定必须安装）已经提示，汽车轮胎可能存在问题。当她开车穿过汽车修理厂大门时，一个感知诊断工具对汽车进行总体检查并要求她驱车开往配备自动机械手臂的专门保养区域。Rosa 在把车交给这些自动机械手臂后走向休息区，然后通过支持安全支付的网络手表从咖啡机上购买了一杯自己最喜欢的冰咖啡（因为 Rosa 的爱好早已被咖啡机记住了，而那只网络手表为她支付了相关的费用）。当 Rose 回到车间时，崭新的轮胎已经安装在了 Rosa 的汽车上。轮胎的胎压、温度及变形都受到严密“监视”，机器人向 Rosa 推荐了专门为她策划的旅行信息，所有的相关信息都保存在她的汽车控制系统中。显而易见，Rosa 并不希望任何人（尤其是她的男友）知道她在哪里，那么这些敏感信息就必须得到良好的保护。她选择将所有信息设置为“私有”，以避免被任何未授权的对象查阅。随后，Rosa 开车去购物中心，她想买一件嵌有媒体播放器并具有温度调节功能的滑雪衫。Rosa 想去的滑雪场可以通过无线传感网预警雪崩，这使她觉得十分安全。在通过西班牙与法国边境时，Rosa 并不需要停留，因为她的车已经包含了她的驾照信息和护照信息，这些信息在通过边境时都自动上传给了边境自动检控系统。突然，Rosa 从她的太阳镜上收到一个视频寻呼，她在接通电话后看到她的男友正在请求原谅并希望一起共度周末。于是 Rosa 决定放弃一个人度周末的计划，用语音要求系统降低周末行程信息的安全等级，这样她的男友就可以通过车找到她在哪里，并赶来和她共度周末了。该愿景向我们展示了人与人之间借助物的或物与物之间无须人干预的信息传递与操控互动。

2008 年 11 月，IBM 提出“智慧地球”概念，2009 年 8 月，IBM 又发布了《智慧地球赢在中国》计划书，正式揭开 IBM“智慧地球”中国战略的序幕。现在“智慧地球”战略已经得到了各国的普遍认可，同时衍生出各行各业的物联网技术应用案例，数字化、网络化和智能化已被公认为未来社会发展的大趋势，而与“智慧地球”密切相关的物联网、云计算等，更成为科技发达国家制定本国发展战略的重点。“智慧地球”包括三个维度：一是能够更透彻地感应和度量世界的本质和变化；二是促进世界更全面地互联互通；三是在上述基础上，所有事物、流程、运行方式都将实现更深入的智能化，人类的生活、企业的运行、政府的管理都将获得更加智

能的洞察。

自 2009 年以来，我国及美国、欧盟、日本、韩国等国家和地区纷纷推出自己的物联网、云计算相关发展战略。这些人们为解决日常工作和生活中出现的问题所做出的各种各样的努力，以及那些所谓“异想天开”的设想，映射出物联网作为一种新的技术形态出现的必然性。

1.2 技术进步与社会需求的影响

从剑桥大学的“特洛伊”咖啡壶事件中，我们可以看出，通过恰当的技术手段（视频监控与网络传输），完全可以实现人（实验室工作人员）与物（咖啡壶）之间的信息传递。该应用系统搭建的目的是满足工作人员有效获取咖啡的需求。剑桥大学校园内的自动售货机监测系统已实现物品识别与数量监测，并可通过网络获取相关信息，从而满足学生买到便宜可乐的需求。

20 多年前，比尔 · 盖茨在《未来之路》一书中提出的许多构想虽然在当时的技术条件下并不能真正实现，但如今，随着科学技术的进步，在物联网技术的支持下，这些构想已经能够很容易地实现。

事实上，电子产品代码网络的应用，使得全球任何地方的物品都能够被识别和感知，从而创造物与物的相连。物流公司运用电子标签标记商品，并通过网络传递数据与控制流程，就是一种典型的物联网应用实例。

随着移动通信和手机网络功能的普及与技术的高速发展，手机作为一种全新的载体引起了广泛关注。手机在物体识别、环境感知与无线通信等方面的技术优势，使其成为一个重要的基础网络服务平台，手机的普遍使用已经可以让人们在任何时间、任何地点与任何人进行通信，同时通过手机这类移动终端，能够实现人与物、物与物之间的数据传递、流程互通、控制交互等“虚一实”世界的连接。

Internet Reports 2005：The Internet of Things 报告认为，科学技术的发展使泛在计算理念得到推广，通过在各种日常使用的设备中嵌入移动无线电收发器，可以实现人与物、物与物之间的通信。信息与通信技术（ICT）领域呈现出新模式：除了针对人的随时随地连接，还增加了针对物的连接，如图 1-1 所示。

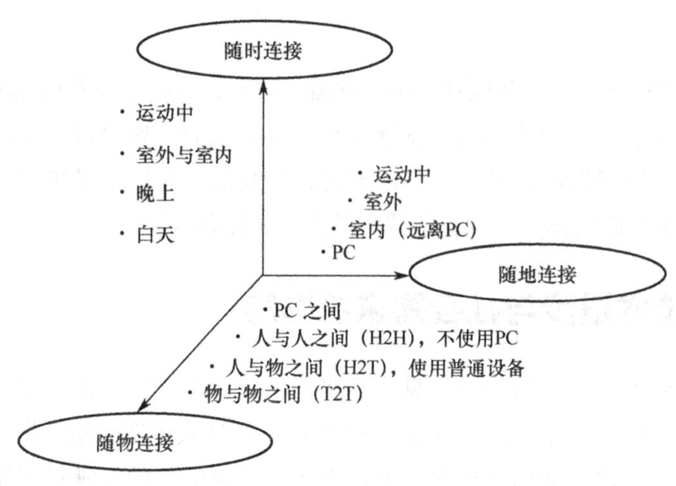

图 1-1 人与人、人与物、物与物相连的新三维模式

近年来，支撑物联网的核心技术有了飞速发展，技术水平不断提高。第一，随着微电子技术的进步，涉及人们生活、工作等方方面面的各类传感器已经比较成熟，传感网的相关研究工作也有了丰硕的成果；第二，当今的网络技术已经从信息化基础设施建设发展到泛在网服务环境搭建，人类已经步入“信息化高速公路”；第三，计算机硬件、软件技术的快速发展，使得计算能力、存储能力、传输能力得到了很大的提高。

2011 年 6 月，国际 TOP500 组织宣布，日本超级计算机“K Computer”以每秒 8162 万亿次的运算速度成为当时全球运算速度最快的超级计算机。2016 年 6 月，国际 TOP500 组织公布了最新的世界超级计算机 TOP500 排名，我国自主研制的神威·太湖之光（Sunway TaihuLight）超级计算机位列第一。神威·太湖之光超级计算机安装了 40960 个我国自主研发的“申威 26010”众核处理器，该众核处理器采用 64 位自主申威指令系统，峰值性能为 12.5 京次/秒（125PFlop/s），持续性能为 9.3 京次/秒（93PFlop/s），这标志着我国超算技术已达到国际领先水平。

现代存储技术已经可以提供近似无限大的存储空间。基于万兆级的有线网络架构和基于百兆级的无线网络接入服务已经得到广泛的应用。在这样的技术条件下，海量信息处理与传输可以方便地实现。

科学技术的不断进步及社会需求的不断更新促使我们迈向一个新的物联网世界，不仅人与人可以随时随地地进行通信，人与物也可以随时随地地进行通信，甚至物与物之间不需要人的干预也能随时随地地进行数据交换。物联网技术的发展具有其自身的必然性，是科学技术不断发展的结果，也是人类需求不断演进的结果。

1.3　信息技术发展的驱动

信息化是充分利用信息技术，开发利用信息资源，促进信息交流和知识共享，提高经济增长质量，推动经济社会发展转型的历史过程。信息技术的高速发展与广泛应用，引发了全球化的产业革命。信息化是当今世界经济和社会发展的大趋势，信息化水平已成为衡量一个国家综合国力与现代化水平的重要标志。党中央、国务院十分重视信息化工作，并将信息产业作为国家的先导、支柱与战略性产业放在优先发展的地位。党的十六大明确要求，坚持以信息化带动工业化，以工业化促进信息化，走出一条科技含量高、经济效益好、资源消耗低、环境污染少、人力资源得到充分发挥的新型工业化路子。

党的十九大报告在论述加快建设创新型国家时，提出了“智慧社会”这一让人耳目一新的概念。“智慧社会”概念是对“智慧城市”概念的扩展，建设智慧社会对于深入推进新型智慧城市建设、实现“四化”同步发展、实施乡村振兴战略等具有重要现实意义，为社会信息化指明了方向，为我国经济社会发展提供了新动力。近年来，我国在吸收借鉴国际经验的基础上大胆创新，智慧城市建设已从理念转化为实践。特别是在 2015 年 12 月中央城市工作会议召开以后，以新型智慧城市建设为引领，我国智慧城市建设在理念、内涵、目标、路径、模式等方面都体现出鲜明的中国特色。我国新型智慧城市建设的理念创新、技术创新、管理创新、模式创新、融资创新等不断为全球城镇化和信息化深度融合、城市文明创新发展提供中国方案。正是在这一基础上，党的十九大报告提出建设智慧社会。这是一项重要的理论创新，是对新时代我国社会发展前景的展望，具有重大的理论意义和现实意义。

信息技术的发展伴随人类社会的进步和发展。计算机领域的很多思想和方法都直接受人类社会的影响，如面向对象的编程思想、客户/服务器的体系结构、云计算、物联网、人工智能等。近年来，社会基础设施的运作模式得到了信息技术领域人士的广泛关注。在人类社会中，与基础设施相关的社会分工专业化、生产经营集约化有利于降低成本、提高效益，是各行各业的发展规律。我们可以对人类社会基础设施概括出三个核心元素：客户（Client）、服务（Service）和基础设施（Infrastructure）。例如，有关电力、交通和水利的运作是由发电厂、公路和水利系统等基础设施实现的，采用“即需所取”的商业模式，通过电力输送线路、电源插座、水管、电表和水表等一系列的“服务”工具来为用户提供服务。效用计算（Utility Computing）、网格和云都是对人类社会基础设施在某种程度上的效仿。

根据 IBM 前首席执行官 Louis V. Gerstner 的观点，计算模式每隔 15 年发生一次变革，人们将其称为“15 年周期定律”。纵观历史，1965 年前后是以系统性为特征的大型计算机时代，1980 年前后是以独立性为特征的个人计算机时代，1995 年前后是以共享性为特征的互联网革命时代，2010 年前后是以拟人性为特征的物联网革命时代。

物联网技术革命是信息化技术发展的历史必然。推进信息化与工业化融合的根本任务就是要解决工业技术与信息技术两个领域中的技术与标准的融合和创新；就是要解决装备制造业的数字化；就是要在信息技术与网络技术广泛应用的基础上，改善民生、惠及百姓、构建和谐社会。物联网能够对信息化和工业化融合起到全面的支撑作用。

目前，信息科技正在进入全民普及阶段，信息技术惠及大众成为未来发展的主旋律。21 世纪上半叶兴起的一场新信息科学革命将会导致 21 世纪下半叶的又一场新的技术革命，物联网应用更是满足人类需求与促进技术进步的又一次升华。物联网技术可以广泛地应用于智慧城市、智慧农业、公共安全、智能电网、智能交通、环境监控、食品安全、灾害防护、智慧边疆、智慧家居、智慧医疗和智慧旅游等领域，有效实现“3C 协同”，即计算机（Computer）、消费电器（Consumer Electronics）和通信设备（Communication Device）之间的协同，从而达到“5W 目标”，即任何人（Whoever）在任何时间（Whenever）、任何地点（Wherever）与任何人（Whomever）进行任何方式（Whatever）的交流的目标。物联网服务真正反映了信息技术惠及大众的宗旨。

1.4 战略性新兴产业的驱动

1995 年，美国第 42 任总统克林顿在任期内提出“信息高速公路”的国家振兴战略，大力发展互联网，推动了全球信息产业的革命，美国经济也受惠于这一战略，在 20 世纪 90 年代中后期保持了历史上罕见的长时间繁荣。我国的信息化基础设施的大规模建设始于 20 世纪 90 年代初中期。

“智慧地球”概念是由美国 IBM 于 2008 年提出的。2008 年 11 月，在纽约召开的外国关系理事会上，IBM 董事长兼首席执行官 Samuel 进行了题为《智慧地球：下一代领导人议程》的演讲。奥巴马在就任美国第 44 任总统后，于 2009 年 1 月 28 日与美国工商业领袖举行了一次“圆桌会议”。作为仅有的两名代表之一，Samuel 提出了“智慧地球”的概念，建议新政府在未来几年内，每年在宽带网络、智慧医疗和智能电网等新一代智慧型基础设施方面投入 300 亿美元，那么每年就可以产生约 100 万个就业岗位，同时还将帮助美国取得 21 世纪长期竞争优势，并阐明了其短期效益和长期效益。物联网就是这些所谓智慧型基础设施中的一个重要概念。智慧地球从发展的角度描绘了未来信息化发展的三个基本特征，即世界正在向仪器设备/工具化方向演变，世界正在向互联网方向演变，所有事物正在向智能化方向演变。

IBM 提出“构建一个更有智慧的地球”，是因为 IBM 认识到互联互通的科技将改变这个世界的运行方式。

IBM 认为，建设智慧地球需要三个主要过程。一是各种创新的感应科技开始被嵌入各种物体和设施，从而使得物质世界在极大程度上实现了数据化；二是随着网络的高度发达，人、数据和各种事物都将以不同方式联入网络；三是先进的技术和超级计算机可以对这些“堆积如山”的数据进行整理、加工和分析，帮助人们做出正确的行动决策。同时，IBM 提出了 21 个支撑智慧地球概念的主题，涉及能源、交通、食品、基础设施、零售、医疗保险、城市、水、公共安全、建筑、工作、智力、刺激、银行、电信、石油、轨道交通、产品、教育、政府和云计算。

美国总统奥巴马对 IBM 建设智慧地球的思想给予了积极的回应，他表示：经济将会刺激资金投入宽带网络等新兴技术中，毫无疑问，这就是美国在 21 世纪保持和夺回竞争优势的方式。2009 年 2 月 17 日，奥巴马总统在美国西部城市丹佛签署了总额为 7870 亿美元的经济刺激计划，这标志着奥巴马总统的“新政”正式付诸实施。经济刺激计划几乎涵盖美国所有经济领域，总资金中将有约 35%用于减税，约 65%用于投资。在投资项目中，基础设施建设和新能源是两大投资重点，该计划能为美国保住和创造约 350 万个工作岗位。新能源和物联网作为全球经济的新引擎，已被美国政府上升为国家战略重点。

2009 年 8 月 7 日，时任中国国务院总理温家宝在到中国科学院无锡高新微纳传感网工程技术研发中心考察，他表示："当计算机和互联网产业大规模发展时，我们因为没有掌握核心技术而走过一些弯路。在传感网发展中，要早一点谋划未来，早一点攻破核心技术。"他指出，至少有三件事情可以尽快去做：一是把传感系统和 3G 中的 TD 技术结合起来；二是在国家重大科技专项中，加快推进传感网发展；三是尽快建立中国的传感信息中心，或者称为"感知中国"中心。2009 年 11 月 3 日，温家宝发表了题为《让科技引领中国可持续发展》的重要讲话，再次提出"要着力突破传感网、物联网的关键技术，及早部署后 IP 时代相关技术研发，使信息网络产业成为推动产业升级、迈向信息社会的'发动机'"。2009 年 11 月 13 日，国务院批复同意《关于支持无锡建设国家传感网创新示范区（国家传感信息中心）情况的报告》，标志着"感知中国"已正式上升至国家层面并进入战略实施阶段，我国物联网产业发展迎来巨大机遇。

2010 年 6 月 7 日，时任中共中央总书记、国家主席、中央军委主席胡锦涛在出席中国科学院第十五次院士大会、中国工程院第十次院士大会时发表重要讲话。胡锦涛在讲话中表示，信息网络技术的广泛应用不断推动生产方式发生变化，柔性制造、网络制造、绿色制造、智能制造、全球制造日益成为生产方式变革的方向，互联网、云计算、物联网、知识服务、智能服务的快速发展为个性化制造和服务创新提供了有力工具和环境，人依靠机器生产产品变成机器围绕人生产产品成为可能，个性化制造和规模化协同创新有机结合将成为重要的生产方式。胡锦涛强调，当今世界，各国都在积极追求绿色、智能、可持续的发展。胡锦涛还强调，要大力发展信息网络科学技术。要抓住新一代信息网络技术发展的机遇，创新信息产业技术，以信息化带动工业化，发展和普及互联网技术，加快发展物联网技术，重视网络计算和信息存储技术开发，加快相关基础设施建设，积极研发和建设新一代互联网，改变我国信息资源行业分隔、核心技术受制于人的局面，促进信息共享，保障信息安全。要积极发展智能宽带无线网络、先进传感和显示、先进可靠软件技术，建设由传感网络、通信设施、网络超算、智能软件构成的智能基础设施，按照可靠、低成本信息化的要求，构建泛在的信息网络体系，使基于数据和知识的产业成为重要新兴支柱产业，推进国民经济和社会信息化。

党的十九大报告提出的“智慧社会”概念是对“智慧城市”概念的中国化和时代化。党的十九大报告提出“推动新型工业化、信息化、城镇化、农业现代化同步发展”。“四化”同步发展应该有机结合、互为动力，具有并发式、叠加式、跨越式的鲜明特征。“智慧社会”以网络化、平台化、远程化等信息化方式扩大全社会基本公共服务的覆盖面和提高均等化水平，构筑立体化、全方位、广覆盖的社会信息服务体系。

综上所述，信息产业的每一次革命不仅是技术上的发展，更是国家战略引导的硕果。随着社会各领域信息化的不断深入，大量的场景需要许多智能化的机器到机器、机器到人的通信，物联网与泛在网需求日益增加。现在的技术已经基本成熟，传感网、云计算、人工智能等技术已经嵌入许多物联网技术与应用之中，RFID 的发展、人工智能算法的设计也已经突破了一些瓶颈，这些成就推动了物联网的广泛应用。世界各国对物联网技术的应用对国民经济的发展、国家核心竞争力的提升和国家战略布局的影响达成共识，这些战略上的考虑必然会促进物联网的发展。因此，技术进步、社会需求、信息化发展和对战略性信息产业的思考是当今物联网发展的主要驱动力。

第2章 物联网研究情况

本章分析国内外物联网技术的研究现状，论述美国、欧盟、日本对物联网技术的认识、开展的研究工作、着手开发的应用，以及在国家层面出台的相关支持政策；特别说明了我国在物联网技术与应用方面开展的技术研发工作和已经取得的成果。我国已成为国际传感网标准化的主导国之一，在制定国际标准方面发挥了重要作用。“知己知彼，百战不殆”，对现状的分析是未来发展的基石。

2.1 国外研究情况

从国际上看，欧盟、美国、日本等国家或地区都十分重视物联网的发展，并且已做了大量研究开发和应用工作。

美国非常重视互联网与物联网的发展，其核心是利用信息通信技术（ICT）来改变美国未来产业发展模式和结构，改变政府、企业和人们的交互方式，从而提高效率、灵活性和响应速度。如把 ICT 充分应用到各行各业中，把传感器嵌入电网、交通等各类物体中；利用网络和设备收集大量数据，通过云计算、数据仓库和人工智能技术做出分析并给出与之对应的解决方案。美国政府在经济刺激计划中提出以数百亿美元支持物联网发展，支持 IBM 的“智慧地球”，而美国国防部开展的“智能微尘”在军事、民用两大方面对物联网进行了全面控制。

欧盟专家声称欧盟的物联网发展先于美国，事实上，欧盟确实围绕物联网技术和应用做了不少创新性工作。欧盟于 2009 年发布了 *Internet of Things——An action plan for Europe* 报告，也期望在物联网的发展上引领世界。在欧盟，较为活跃的是各大运营商和设备制造商，它们推动了机器到机器（M2M）技术和服务的发展。

日本在 2004 年启动了所谓的“泛在网国家战略”，将物联网作为国家整体发展的重点规划内容，将物联网应用、基础设施和技术产业发展列入其优先行动议程。

2.1.1　美国的物联网研究情况

美国政府曾希望借助物联网刺激经济，使美国走出经济低谷。所以，奥巴马一上任便将 IBM“智慧地球”的战略构想上升到国家战略的高度。“智慧地球”具体来说就是把传感器嵌入电网、铁路、公路、桥梁、隧道、油气管道、供水系统、大坝、建筑等之中，并将其联系起来，形成物联网。奥巴马政府认为物联网是化解危机、振兴经济、确立其全球竞争优势的关键战略。其实，在美国政府行动之前，美国很多高校已经在无线传感网方面开展了大量的研究工作，除了高校和科研单位，美国的很多大型知名企事业单位也先后展开了物联网及相关领域的研究和实践。例如，美国零售商沃尔玛在 2003 年就要求其较大的 100 家供应商在 2005 年 1 月前在所有的货箱和托盘上安装 RFID 电子标签；Crossbow 公司在国际上率先研究无线传感网，已经为全球 2000 多所高校和上千家大型公司提供了无线传感器解决方案，与传感设备商霍尼韦尔、软件巨头微软、硬件设备商英特尔、著名大学加利福尼亚大学伯克利分校建立了紧密的合作关系。

1. 研发机构

美国拥有多个具备世界一流研究能力的大学科研机构。目前，美国多个大学在无线传感网方面开展了大量工作，如加利福尼亚大学洛杉矶分校的 CENS（Center for Embedded Networked Sensing）实验室、WINS（Wireless Integrated Network Sensors）实验室、NESL（Networked and Embedded Systems Laboratory）实验室、LECS（Laboratory for Embedded Collaborative Systems）实验室、IRL（Internet Research Lab）等。

麻省理工学院获得了美国 DARPA 的支持，进行极低功耗的无线传感网研究；奥本大学也在 DARPA 的支持下，进行了大量关于自组织传感网的研究，并完成了一些实验系统的研制；宾汉顿大学计算机系统研究实验室在移动自组织网络协议、传感网系统的应用层设计等方面做了很多研究工作；州立克里夫兰大学（俄亥俄州）的移动计算实验室在基于 IP 的移动网络和自组织网络方面，结合无线传感网技术开展了相关研究工作。

此外，美国众多实力雄厚的公司也是重要的研发力量。Crossbow 公司是在无线传感网研究方面投入较早的公司，与微软、霍尼韦尔、英特尔、思科、加利福尼亚大学伯克利分校等都建立了合作关系。德州仪器、Atmel 等也都在传感网领域投入了极大的资金和科研力量。

2. 应用情况

1）RFID 应用

在美国，RFID 主要集中在军事、物流、护照、门禁安防及公路不停车收费等领域。美国 RFID 的部分应用也受到了相关法律政策的约束，如美国加利福尼亚州已经通过法律，限制 RFID 生物芯片的使用及对人员的跟踪。在 RFID 产业化方面，美国在 RFID 芯片、中间件及系统集成领域有明显优势，在从 RFID 标准建立、软硬件技术开发到最终应用等方面都走在世界前列；在芯片开发方面，拥有 TI 等研发团队；在标签与阅读器方面，有 Intermec、Symbol 等厂商；在系统集成及软件方面，拥有 IBM、惠普、微软、SUN 等国际知名企业。2008 年，Impinj 公司收购了英特尔的 RFID 事业部，使得 Impinj 公司成为拥有标签芯片、阅读器、阅读器芯片、天线及系统集成的 RFID 综合厂商。

2）智能电网

2006 年，美国 IBM 曾与全球电力专业研究机构、电力企业合作研发了“智能电网”解决方案。2008 年，美国科罗拉多州的波尔得市宣布成为全美第一个智能电网城市，家庭用户可以和电网互动，了解实时电价，合理安排用电；同时，电网还可以根据实际情况进行电力的实时调配，提高供电可靠性。时任美国总统奥巴马于 2009 年 2 月提出《美国复苏与再投资法案》（*American Recovery and Reinvestment Act*），其中智能电网投资额达 110 亿美元，占美国能源总投资额的 18%，智能电网被视为绿色新政（Green New Deal）的重要环节。

3）其他应用

思科已经开发出“智能互联建筑”解决方案，为位于硅谷的美国网域存储技术有限公司节约了 15%的能耗。

美国政府推动与墨西哥交界的“虚拟边境”建设，大量应用传感网技术，据报道，仅其设备采购费用就高达数百亿美元。

在环境监测方面，英特尔实验室利用无线传感网获取海岛上的气候变化指标数据，据此对一种海燕筑巢环境进行评估。

在医疗监控方面，通过在衣服、家具和家用电器等中安装传感器与处理芯片，可以帮助老年人和残障人士自主处理家庭生活事务，检视身体状况，提醒家人和医疗中心随时关注其健康状况。

在企业管理方面，惠普公司在其会议室中安装了无线传感网，借助传感器节点，可以自动汇集会议室的使用情况，同时将数据传送给管理系统，管理系统会自动调整公司在各地的会议室的使用方案，提高工作效率。

在工业控制方面，泰科国际（世界 500 强企业）运用无线传感网，进行新型工业温控系统的研发和测试，取得了很好的实用效果。

在车位管理方面，美国旧金山市政府联合该市的交通业务代理机构，发布了主动式无线传感网系统，并将其运用到该市的主要交通道路中以监控停车的位置和时间，节省了大量成本，获得了管理层和驾驶人的一致好评。

在城市感知方面，美国马萨诸塞州的剑桥城基本建成了全球第一个感知城市，建设完成后的感知城市可以将整个城市的各种实时监测数据，如温度、风速、降雨量、大气压和空气质量等汇报给城市居民。

3. 政府政策

2010 年 1 月 28 日，在奥巴马就任总统后的首次美国工商业领袖圆桌会上，IBM 首席执行官建议政府投资新一代的智能型基础设施，得到了奥巴马的积极回应，奥巴马把“宽带网络等新兴技术”定位为振兴经济、确立美国全球竞争优势的关键战略，并在随后出台的 *Recovery and Reinvestment Act* 中对上述战略建议加以落实。*Recovery and Reinvestment Act* 希望从能源、科技、医疗、教育等方面着手，通过政府投资、减税等措施来改善经济，增加就业机会，同时带动美国长期发展，其中鼓励物联网技术发展政策主要体现在推动能源、宽带与医疗三大领域开展物联网技术的应用。

2020 年 12 月，美国《物联网网络安全改进法案》（*Internet of Things Cybersecurity Improvement Act*）正式出台，将对美国物联网建设产生巨大影响，这也意味着美国在网络安全方面迈出了重要一步。

2.1.2 欧盟的物联网研究情况

欧盟委员会一直希望能够主导未来物联网的发展，所以一直致力于鼓励和促进内部物联网产业的发展。欧盟委员会于 2008 年发布了 *The European Technology Platform on Smart Systems Integration，ETPoSS IoT 2020* 报告，给出了物联网的定义与覆盖范围。该报告预测：未来的物联网发展将经历四个阶段：在 2010 年之前，RFID 被广泛地应用于物流、零售和制药领域；2010—2015 年，实现物物互联；2015—2020 年，进入半智能化；在 2020 年以后，进入全智能化。2009 年，欧盟委员会提出了“欧盟物联网行动计划”，其目的是确保欧洲在构建物联网社会的过程中起主导作用。该行动计划描绘了物联网技术的未来应用前景，提出欧盟政府要加强对物联网的管理，完善隐私和个人数据保护，提高物联网的可信度、可接受度和安全性等。同时，为保证计划顺利进行，投资 4 亿欧元用于 ICT 研发设计，启动 90 多个研发项目以提升网络智能化水平，2011—2013 年，每年增加 2 亿欧元以加强研发力度，同时设立 3 亿欧元专款支持物联网公私合作短期项目。2010 年 5 月，欧盟委员会提出了“欧洲数字计划”，该计划的重要平台就是物联网。

2016 年，欧盟启动了物联网大规模试验（LSP）计划，以测试和促进物联网在欧洲五个特定领域内的部署；2019 年，为解决能源、农业和医疗保健领域的数字化转型问题，欧盟又启动了另外三个大型试点项目。

1. 研发机构

总部位于比利时的欧洲合作研发机构校际微电子中心（IMEC）已经利用 GPS、RFID 技术开发出远程环境监测、先进工业监测等系统，IMEC 还利用微电子及生物医药电子领域的领先技术，研发具有可遥控、体积小、成本低等特点的微电子人体传感器、自动驾驶系统等。

2. 应用情况

在德国，零售巨头麦德龙一直是 RFID 应用强有力的推动者，麦德龙集团在德国杜塞尔道夫建设 RFID 未来商店，希望借此推进一些应用 RFID 技术于零售业经营与管理的设计及规划，如将 RFID 技术应用到零售业进出货管理、货品偏好追踪与仓库管理中，参与该计划的厂商包括 RFID 软硬件厂

商、信息技术厂商与物品供应商。德国政府表示已经确定 RFID 技术作为一个新兴技术发挥主导作用，并且德国要在全球扮演市场主导角色。

法国在 RFID 领域也取得重要进展。DHL 在法国 METRO Cash & Carry 零售通路启动了一项大型的 RFID 应用，在所有 DHL 送到该通路的 89 家分店中的所有的栈板上都贴附 RFID 标签，其一年的栈板使用量约为 130 万个，是一场大规模的 RFID 应用。

3．政府政策

2009 年 6 月 15 日，欧盟委员会宣布发展物联网行动计划（*Internet of Things——An Action Plan for Europe*），确保欧洲在构建物联网的过程中起到主导作用。该计划包括 10 个方面共计 14 项行动内容，具体如下。

1）管理方面

随着物联网的发展，架构识别、信息安全保障等管理问题逐渐出现，为了解决这些问题，欧盟委员会决定采取具体行动。

行动一：在各主要论坛中讨论和决策与物联网管制相关的各种定义和原则；制定独立的、非中心化的管制架构，在架构中考虑透明性、竞争性和责任性。

2）隐私权及个人信息保护方面

这一问题涉及两个方面，一方面，隐私和个人数据保护会对物联网产生影响，如在家庭中安装医疗监控系统可获得对患者来说比较敏感的数据，因此，要让用户信任和接受这一系统，有效的数据保护措施和防止个人数据错误使用、出现风险是先决条件；另一方面，物联网可能会影响人们对隐私的理解，ICT 的演进已证明了这一点，移动电话和在线交友网等的影响对年轻人更大。为此，欧盟采取如下两个行动。

行动二：继续监控。继续对隐私权及个人信息保护问题监控。欧盟采用了一项建议，即为在 RFID 应用运行中出现的隐私和数据保护区原则提供指导。

行动三：推广芯片默认权。欧盟委员会推动展开“芯片默认权”方面的技术和法律讨论，所谓“芯片默认权”是指不同作者在不同名字下表述个人想法时，应可随时断开网络环境。

3）信任、可接受度和安全方面

在商业范畴中，信息安全可解释为可实现性、可靠性、商业信息的保密性。对一个企业来说，它关注的是“谁访问了它的信息”“这些信息会不会披露给第三方”，这些问题看似简单，但对商业过程产生的影响却是深远的。考虑到物联网可能对个人和商业产生的安全方面的影响，欧盟采取了两项行动。

行动四：确定可能出现的风险。欧盟委员会按照 ENISA 已开展的工作，采取进一步适当的行动，包括管制措施和非管制措施，为可能出现的信任、可接受性和安全性挑战提供政策框架。

行动五：将物联网的发展视为事关国家政治和经济的重要部分。物联网发展是否能达到期望的结果，将对经济和社会发展产生重要的影响。因此，欧盟委员会将密切跟踪物联网基础设施的发展，并将其纳入欧洲重要的资源之列，特别是要把相关活动与对重要信息基础设施的保护联系在一起。

4）标准化方面

在物联网发展中，标准化发挥了重要的作用，主要是通过互操作的建立、经济规模和行业的国际化来降低新进入者的门槛和用户的运营成本。标准化过程一方面要实现与现有标准的对接，另一方面应在需要时制定新的标准。IPv6 的迅速部署对于物联网发展是有益的。在标准化方面，欧盟采取的行动如下。

行动六：制定标准。对现有标准进行评价，包括与物联网相关的事宜或在必要时推出的新内容。此外，欧盟委员会持续对欧洲标准化组织（ETSI、CEN、CENELEC）及国际合作伙伴（ISO、ITU 及其他标准化组织和机构）的发展进行跟踪。欧盟将在开放、透明、统一的模式下审议物联网标准的发展，特别是在面向所有利益团体时，这种模式尤为重要。

5）研发方面

欧盟委员会强调并提出了一系列加强 ICT 研发的措施，物联网列在其中，具体行动有两个。

行动七：研发。欧盟委员会将继续在 FP7 研究项目中加大物联网投入，关注点是重点技术，如微电子、非硅组件、能源获取技术、无所不在的定位、无线智能系统网络、安全设计、软件仿真等。

行动八：公共与私人部门合作。欧盟委员会准备建立四个公共和私人合作领域，分别是绿色汽车、高效能建筑、未来工厂和未来互联网，其中物联网是重要领域之一，这是欧盟复兴打包计划的一部分，目标是协调现有 ICT 研究和未来互联网发展的关系。

6）创新与开放性方面

物联网系统在设计、管理和使用上由不同商业模式和各种利益方驱动，可成为创新的催化剂。虽然与物联网相关的一些技术已日趋成熟，但支持物联网的商业模式尚未完全建立，为此，欧盟委员会采取了如下行动。

行动九：推出创新和试验项目。除开展各项研究外，欧盟委员会考虑通过推出试验项目来促进物联网应用的部署。这些试验侧重于物联网应用，让社会能从中获取最大利益，涉及电子医疗、气候变化等。

7）整体沟通

欧盟相关准备工作显示，业界和相关组织对物联网面临的机遇和挑战的整体了解非常有限。鉴于此，欧盟决定采取如下行动。

行动十：定期召开会议沟通。欧盟委员会定期向欧洲国会、理事会、欧洲经济和社会委员会、区域性委员会、数据保护工作组和其他相关机构通报物联网的发展情况。

8）国际对话

物联网系统和应用是无国界的，需要开展可持续的国际对话，涉及管制、架构和标准等许多方面。为此，欧盟委员会决定在国际对话方面采取如下行动。

行动十一：开展国际对话。欧盟委员会将加强在物联网所有领域中与国际对话的力度，主要关注与合作伙伴间的对话。目标是联合行动、共享经验，推进各项活动的实施。

9）污染管理

事实上，物与物的相互连接需要通过传感器或嵌入物体的标签来实现。标签由硅树脂及以铜、银和铝为代表的金属制造，因此，这些标签将会给玻璃、塑料、铝和马口铁的循环回收带来很大的障碍。但可被有效识别的物品在循环利用方面也具备自己的优势，那些带有标签的物品在经过正常的散装垃圾处理后，可以实现更有效的循环再利用。欧盟采取了如下行动。

行动十二：研究 RFID 的循环回收。欧盟创立专门的研究项目以分析 RFID 用于垃圾管理行业的相关问题（如存在哪些优缺点），以及评估 RFID 标签的回收困难程度。

10）未来演进

欧盟关注两个方面的问题：一是频谱资源利用的合理性和有效性，欧盟致力于保证频谱资源利用的有效性，以及持续监控发展特色 ICT 所需的额外频谱资源的合理性；二是电磁领域（EMF）的技术发展与管理。采取的相关行动如下。

行动十三：估量进展。自 2009 年 12 月开始，欧盟政府发布关于 RFID 技术应用的统计数据。有关 ICT 相关技术的追踪报道提供 ICT 在相关领域渗透程度的信息，而这将为相关机构评估 ICT 对社会和经济的影响和政府制定相关公共政策提供信息。

行动十四：评估物联网演进。在欧盟委员会层面，要采取多种机制监控物联网的演进、支持各种相关活动的进行，由欧洲公共局对各种机制进行评价。欧盟委员会利用 FP7 来开展这一工作，汇集各方力量，确保与世界其他地区的定期对话和经验共享。

2.1.3 日本的物联网研究情况

自 20 世纪 90 年代以来，日本政府连续提出了 e-Japan、u-Japan、i-Japan 等国家信息化发展战略，大规模推动国家信息基础设施建设，希望通过信息技术推动国家经济社会发展。其中 u-Japan、i-Japan 两项战略是有关物联网的战略。2004 年，日本政府提出了 2006—2010 年的 IT 发展规划 u-Japan 战略，该战略的目标是在 2010 年把日本建成一个“泛在网络社会”，任何人、任何物可以在任何时候、任何地点互联，实现人与人、人与物、物与物之间的连接。该战略的重点在于提高居民的生活水平。

2008 年，日本政府将 u-Japan 的重心转移，从过去重点关注提高居民的生活水平拓展到促进地区及产业的发展，即通过 ICT 的广泛应用变革原有产业，开发新的应用；通过 ICT 以电子方式联系各产业、各地区和个人，促进地区经济发展；通过 ICT 的广泛应用变革生活方式，实现“泛在网络社会”。u-Japan 战略还有两个重要的横向战略重点：国际战略和技术战略。其国际战略的重点目标是强化其国际影响力，引领亚洲成为世界信息据点：一是推进国际合作，主要是加强与欧美各国及 WTO、OECD、APEC、ITU 等有关国际组织的合作，提高对 WSIS 的贡献度，强化 ITU 标准化活动和对国际社会的信息发布力；二是推进亚洲宽带计划，建立与亚洲各国在信息方面的合作关系，推进网络基础建设和软件应用、信息内容流通及基础技术开发，培养数千名 ICT 人才。其技术战略重点的目标是将泛在网络技术实用化，也就是把所谓“日本开发的技术”推向全世界，作为新的信息社会的基本技术。

2009 年，日本政府提出新一代国家信息化发展战略 i-Japan，该战略的目的是让信息技术融入每个领域，除此之外，它还投入大量资金进行相关技术的研发。i-Japan 战略在总结过去问题的基础上，真正从“以人为本”出发，着力应用数字化技术打造普遍为国民接受的数字化社会。i-Japan 战略分为三大核心领域：建设电子政府和电子自治体，激发产业与区域活力，培育新兴产业及完善数字基础设施建设。

2016 年，日本物联网市场规模约为 62000 亿元，据 IDC 预测，日本 2020 年的物联网市场规模将达到 138000 亿元。

1．研发机构

日本的公立研究机构主要有日本信息通信研究机构（NICT），其已在 RFID 方面开发并试制成功了可粘贴在金属曲面及人体上的布制电子标签；日本新能源产业技术综合研究机构（NEDO），2005 年其发布了在一枚芯片上集成无线标签和各种传感器的“RFID 传感器芯片”；野村综合研究所（NRI），其在传感器领域有很多研究。

2．应用情况

日本经济产业省选择了七大产业做 RFID 的应用试验，包括消费电子、书籍、服装、音乐 CD、建筑机械、制药和物流等领域。RFID 在日本消费领域的应用非常广泛，在日本购物时，几乎随处都可看到 RFID。以日本运营商 NTT Docomo 定制的手机为例，每部手机中基本都内置了 RFID 芯片，如果消费者对某种商品有兴趣，只需将内置 RFID 芯片的 NTT Docomo 手机在商品前面一晃，商品的相关信息马上就会下载到手机中。因此，手机同时也是重要的支付终端。日本主流信息技术厂商均已投入 RFID 技术产品的研发和应用中，厂商在推出新产品时，更注重新产品带来的实际应用。RFID 在日本已经从概念阶段进入实际应用阶段，而且，应用的领域和范围正在迅速地扩展。

3．政府政策

自 20 世纪 90 年代中期以来，日本政府相继制定了多项国家信息技术发展战略，从大规模开展信息基础设施建设入手，稳步推进，不断拓展和深化信息技术的应用，以此带动日本社会、经济发展。

2008 年，日本总务省提出“u-Japan xICT”政策，其中“x”代表“不同领域融合 ICT”，涉及产业 xICT、地区 xICT 及生活（人）xICT。目的是将 u-Japan 政策的重心从之前的单一关注居民生活品质提升拓展到带动产业及地区发展，即通过对物联网产业发展现状与产业链的分析，实现地区与 ICT 的深度融合，进而实现经济增长。“产业 xICT”就是通过 ICT 的有效应用，实现产业变革，推动新应用的发展；“地区 xICT”就是通过 ICT 以电子方式联系人与地区社会，促进地方经济发展；“生活（人）xICT”就是有效应用 ICT 以实现生活方式变革，营造无所不在的网络社会环境。

2009 年 7 月，日本 IT 战略本部颁布了日本新一代信息化战略——i-Japan 战略。为了让数字信息技术融入每个角落，首先将政策目标聚焦在电子化政府治理、医疗健康信息服务及教育与人才培育三大公共事业上，提出到 2015 年，通过数字化技术达到“新的行政改革”，使行政流程精简化、效率化、标准化、透明化，同时推动电子病历、远程医疗、远程教育等应用的发展。

2.2 国内研究情况

自 2009 年以来，全球物联网技术与应用已经进入快速发展的阶段。在我国经济飞速发展的新历史阶段，中国的工业化之路面临新的选择。为了成为经济强国，我国必须大力发展新的产业，物联网已被列为战略性新兴产业。2010 年，在十一届全国人大三次会议上，物联网产业发展首次被写入政府工作报告，政府工作报告中明确表示要加快物联网的研发应用，加大对战略性新兴产业的投入和政策支持。党和国家领导人多次强调要以国际视野和战略思维来选择和发展战略性新兴产业，要着力突破传感网、物联网关键技术，及早部署后 IP 时代相关技术研发，使信息网络产业成为推动产业升级、迈向信息社会的发动机。

我国物联网相关技术的研究工作基本与国际同步。国家自然科学基金及“863 计划”“973 计划”等都对物联网产业给予了较多的支持，《国家中长期科学和技术发展规划纲要（2006—2020）》在重大专项、优先主题、前沿技术三个层面均增加了传感网的内容，正在实施的国家科技重大专项也将无线传感网作为主要方向之一，对若干关键技术领域与重要应用领域给

予支持。我国在无线智能传感网通信技术、微型传感器、传感器终端机、移动基站等方面取得重大进展，技术研发水平目前处于世界前列，并拥有多项专利。我国传感网标准体系已形成初步框架，多项标准提案被国际标准化组织采纳。目前，我国物联网的发展和其他国家相比具有同发优势，在传感领域走在世界前列，与德国、美国、英国等一起，成为国际标准制定的主导国之一。

2010 年 9 月，中国国际物联网（传感网）博览会暨中国物联网大会在无锡召开，当时发布的《2009—2010 中国物联网年度发展报告》显示，自 2009 年以来，中国的物联网政策环境不断改善，技术进步明显加快，市场培育持续深化，标准制定全面提速，示范工程显著增多，市场规模大幅增长，中国物联网开始进入实质性推进的新阶段。2009 年，中国物联网产业市场规模达 1716 亿元，物联网产业在公众业务领域及平安家居、电力安全、公共安全、健康监测、智能交通、重要区域防入侵、环保等诸多行业的市场规模均超过百亿元。2010 年，中国物联网产业市场规模超过 2000 亿元。2015 年，中国物联网整体市场规模已达到 7500 亿元，年复合增长率超过 30%，市场前景远远超过计算机、互联网、移动通信等市场。

2020 年，世界物联网博览会在中国无锡举行，本届物博会以“物联新世界 · 5G 赢未来”为主题，聚焦前沿技术、洞察行业趋势、破解融合难题、探讨发展路径，着力打造物联网领域国际交流合作、行业趋势发布、技术成果展示、产业发展投资、高端人才集聚的重要平台。近年来，物联网作为全新的连接方式，呈现出突飞猛进的发展态势。据统计，2018 年，全球物联网设备数量已经达到了 70 亿台；2019 年，受益于城市端 AIoT 业务的规模化落地及边缘计算的初步普及，中国 AIoT 市场规模突破 3000 亿元大关，直指 4000 亿量级；2020 年，活跃的物联网设备数量增加到 100 亿台；依托 5G 的商用、低功耗广域物联网的超广覆盖，预计到 2025 年，联网并活跃的物联网设备将超过 200 亿台。全球物联网产业规模由 2008 年的约 500 亿美元增长至 2018 年的近 1510 亿美元。在中国，物联网的大规模应用与新一轮科技与产业变革融合发展，预计到 2025 年，中国物联网连接数将达到 53.8 亿，应用领域将覆盖各行各业。未来，数百亿的设备并发联网产生的交互需求、数据分析需求将促使 IoT 与 AI 更加深度融合。

当前，全球物联网核心技术持续发展，标准体系加快构建，产业体系处于建立和完善的过程当中。未来几年，全球物联网市场规模将出现快速增长。IDC 数据显示，2020 年，全球物联网市场规模将达到约 1.36 万亿美元。

2018 年，智慧城市曾在物联网应用领域排名第一。2019 年，工业/制造业取代智慧城市，成为物联网应用的主要领域，大型工业自动化企业是工业/制造业领域数字化转型的主要推手。

物联网研究机构 IoT Analytics 对 1414 个实际应用的物联网项目进行了研究，其 2020 年报告显示，在全球份额中，工业/制造业占比为 22%，交通/车联网占比为 15%，智慧能源占比为 14%，智慧城市与智慧零售占比均为 12%，智慧医疗占比为 9%，智能物流占比为 7%，农业物联网占比为 4%，智慧家居占比为 3%，其他占比为 2%。

2.2.1 标准制定

2007 年，我国已经启动了传感网标准化工作。2008 年 6 月，首届 ISO/IEC 国际传感网标准化大会在上海召开，来自中国、美国、韩国、英国、德国、奥地利、日本、挪威等国家及 ISO、IEC、ITU-T、IEEE 等相关国际标准化组织的 120 余名官方代表和技术专家参加了大会，旨在推动传感网国际标准制定和大规模产业化进程。

这次大会有工作组提案和技术研讨会两个议程。在工作组提案议程中，参会代表详细讨论了由中国电子技术标准化研究所、中国科学院上海微系统与信息技术研究所等单位联合提交的《传感网标准体系框架和系统构架》等标准提案，其中《传感网标准化体系框架和参考模型》等提案获得了参会代表的一致认可，并将其作为后续讨论和完善的重点。该项决议对传感网发展和标准化产生了深远影响，同时也标志着我国在传感网这一新兴领域的国际标准制定中拥有了重要话语权。这次大会初步形成了关于传感网国际标准制定的规划草案，中国代表团成员参与了全部章节的后续编辑工作。在技术研讨会上，各成员国及其他标准化组织代表分别做了传感网领域的相关报告。

2010 年 3 月 9 日，中国物联网标准联合工作组筹备会议在北京召开。物联网标准联合工作组由工业和信息化部电子标签标准工作组、资源共享协同服务标准工作组、全国信息技术标准化技术委员会传感网标准工作组和全国工业过程测量和控制标准化技术委员会发起，工作组组长由时任工业和信息

化部电子科学技术委员会副主任张琪担任。2010 年 5 月，我国物联网标准联合工作组正式成立。

目前我国已成为国际传感网标准化的主导国之一，在国际标准制定中起着重要作用。

由我国提交的《物联网概述》标准草案，于 2012 年 3 月 30 日经国际电信联盟审议通过，成为全球第一个物联网总体性标准。

2.2.2 技术研发

1. 技术研发机构

我国独立的科研机构有 2000 多家，其中，国家级的约有 500 家，隶属高校或企业的则更多。我国的科研机构主要分基础类、应用型和社会公益类三种。基础类科研机构主要是中国科学院及高校所属的相关研究院所；应用型科研机构过去大多隶属中国的各产业部门，现在基本都已改制成为高新技术企业；社会公益类研究机构主要是指农业、气象、社会服务等领域主要从事基础性研究并产生社会效益的机构。

国家各部委、国内科研院所、高等院校及企业都已经启动了物联网相关技术的研究与示范应用的开发工作，许多高校已经开设了物联网工程及相关专业，目前已有毕业生进入物联网企业，从事物联网理论研究、技术研发、产品制作等工作。在国家“产学研”政策的指引下，科研院所与企业已呈现地域聚集，成为国内产业集群的重要力量，与其他国家相比具有良好的同发优势。

2. 技术研发进展

1）传感器与传感网

在传感器与传感网关键技术方面，我国还有很多待突破的瓶颈，目前，这些问题已经引起我国政府的高度重视，我国政府在政策上大力支持和扶持国内科研机构并加大资金投入。

目前我国在传感器与传感网硬件节点、无线传感网协议/算法/体系结构、物联网中间件研发等方面都已取得了一定的理论研究成果，提出了许多具有创新性的想法；推出了许多可以在一定领域内部署的物联网应用系统；部分产品已经可以替代进口产品，甚至出口国外，但在高端技术和产品性能上与国际领先水平相比尚有一定的差距。

2）RFID 技术

RFID 芯片在 RFID 产品链中占据举足轻重的位置，其成本占整个标签成本的 1/3 左右，并且受到功耗限制，以及片上天线技术、后续封装与天线适配技术等的影响。我国政府高度重视这一产业并采取了一系列措施，科学技术部等十几个部委共同组织编写了《中国射频识别（RFID）技术政策白皮书》。目前，我国 RFID 技术研发已取得了一定进展，HF 频段芯片、标签和阅读器从设计技术至制造技术都相对成熟。近年来，中国企业及研究机构申请的 RFID 各项专利已超过 400 项。

3）IPv6 技术

物联网时代的网络发展需要大量的 IP 地址，IP 地址资源不足已经成为物联网发展的瓶颈。

IPv4 于 1984 年诞生，由于其采用 32 位地址长度，地址总量只有 43 亿个。2011 年 2 月 3 日，全球互联网数字分配机构（IANA）宣布：全球 IPv4 地址池已经耗尽。IPv6 开始进入政策制定者的视野，目前国内已经全面启用了商用 IPv6 网络，为物联网技术应用奠定了基础。

物联网是一个物物相连的网络。然而，真的要把物与物连接起来，除了需要各类传感器，还要给每个个体都贴上一个标签，也就是每个物品都有自己的 IP 地址，这样用户才可以通过网络访问物体。IPv4 已经无法提供更多的 IP 地址，而 IPv6 可以让人们拥有几乎无限大的地址空间，这使全世界的手机、家电、汽车等各种电子/机械设备上网成为可能，从而构筑一个人人有 IP、物物都联网的物联网世界。因此，IPv6 技术是物联网底层技术的基础条件，IPv6 对物联网的需求和发展有重要的支持作用。

在物联网应用环境下，由于感知层有节点功耗低、存储容量低、运算能力弱的特性，以及受限于 MAC 层技术（IEEE 802.15.4），不能直接将 IPv6 标准协议直接架构在基于 IEEE 802.15.4 的 MAC 层之上，需要在 IPv6 协议层和 MAC 层之间引入适配层以屏蔽两者之间的差异。将 IPv6 技术应用于物联网感知层需要解决以下问题。

（1）采用分片技术将 IPv6 分组包适配到底层 MAC 帧中。为了提高传送的效率，需要引入头部压缩策略以解决 IPv6 报文过大和头部负载过重的问题。

（2）需要相应的地址转换机制来实现 IPv6 地址和 IEEE 802.15.4 长、短

MAC 地址之间的转换。

（3）调整 IPv6 的管理机制，从而抑制 IPv6 网络大量的网络配置和管理报文泛滥的问题，适应 IEEE 802.15.4 低速率网络的需求。

（4）针对 IEEE 802.15.4 的特性，确定保留或改进哪些 IPv6 协议栈功能，轻量化 IPv6 协议，满足嵌入式 IPv6 对功能、体积、功耗和成本等的严格要求。

（5）优化路由机制。IPv6 网络使用的路由协议主要是基于距离矢量和基于链路状态的路由协议。这两类协议都需要周期性地交换信息以维护网络正确的路由表或网络拓扑结构图。而在资源受限的物联网感知层网络中采用传统的 IPv6 路由协议，由于节点从休眠到激活状态的切换会使拓扑变化比较频繁，导致控制信息占用大量的无线信道资源，增加节点的能耗，从而降低网络的生存周期。因此需要对 IPv6 路由机制进行优化改进，使其能够在能量、存储和带宽等资源受限的条件下，尽可能地延长网络的生存周期，重点研究网络拓扑控制技术、数据融合技术、多路径技术、能量节省机制等。

（6）IEEE 802.15.4 的 MAC 层只支持单播和广播，不支持组播。而 IPv6 组播是 IPv6 的一个重要特性，在邻居发现和地址自动配置等机制中，都要求链路层支持组播。所以，需要确立从 IPv6 层组播地址到 MAC 地址的映射机制，即在 MAC 层中用单播或广播代替组播。

（7）由于物联网应用的规模都比较大，而一些设备的分布地点又是人通常不能到达的，因此物联网感知层的设备应具有一定的自动配置功能，网络应该具有自愈能力，网络管理技术应该能够在很低的开销下管理分布高度密集的设备。

事实上，CERNET IPv6 示范网已于 1998 年 6 月加入 6bone，并于同年 12 月成为其骨干成员。6bone 是 IETF（Internet 工程任务组）用来对 IPv6 进行测试的网络，目的是将 IPv4 网络向 IPv6 网络迁移。随后，有关 IPv6 的课题研究陆续启动，很多高校相继组建 IPv6 示范网。2003 年 11 月，信息产业部在第二次中国互联网大会上宣布着手实施名为“中国下一代互联网示范工程”（China Next Generation Interne，CNGI）的新一代互联网计划。2003 年 12 月，中国科学院计算技术研究所首次以“技术开放日”的形式向公众开放所内的科研成果，其中“IPv6 网络关键技术”引人注目。

根据中国互联网络信息中心的统计数据，截至 2019 年 6 月，中国 IPv6 地址的数量为 50286 块/32，较 2018 年年底增长 14.3%，居全球第一位。

4）云计算

1961 年，John McCarthy 提出了计算力和通过公用事业销售计算机应用的思想，指出“计算迟早会变成一种公用基础设施”，即把计算能力作为一种像水和电一样的公用资源提供给用户。这奠定了云计算的技术基础。

谷歌、亚马逊、IBM、微软、雅虎等公司均提出了不同的云计算解决方案，并建立了各自的云计算平台。国内科研院所、高校等机构近年来纷纷开始了各自的云计算研究工作，企业也在不断推出面向行业应用的云计算解决方案。

显然，当前的软件即服务（Software as a Service，SaaS）、平台即服务（Platform as a Service，PaaS）和基础设施即服务（Infrastructure as a Service，IaaS）三个层次的服务平台可以对物联网应用起到重要的支撑作用。但是现有的云计算技术还不能完全满足具有实时感应、高度并发、自主协同和涌现效应特征的物联网“后端”需求。因此，针对由大量高并发事件驱动的应用的自动关联和智能协作问题，还需要对物联网后端信息处理基础设施的整体架构进行研究，同时，要重视典型应用（Killer Application）和价值牵引的作用，避免过早建立过于庞大和理想化的体系，引导物联网应用的研发工作持续推进，真正形成全面互联互通的智能应用网络。

2.2.3 应用现状

自物联网问世以来，全球各国都在不同层面和不同领域建设和应用物联网技术。国际数据公司（International Data Corporation，IDC）曾估计 2020 年全球物联网市场规模将从 2014 年的 6558 亿美元增至 1.7 万亿美元（CARG 17%）。2018 年，全球物联网市场规模已达 6460 亿美元，2019 年增长 15.4%，市场规模超过 7450 亿美元。我国物联网产业规模已从 2009 年的 1700 亿元跃升至 2016 年的 9300 亿元，2020 年有望突破 1.5 万亿元，中国企业正在加速成长。

有学者认为，未来物联网市场将呈现以下趋势：美国和中国将领跑全球物联网市场，工业、交通和公共服务部门对物联网的需求增多，数据安全要求提高，更多的移动终端接入物联网，室内定位技术将进一步促进物

联网产业链的完善，数据人才需求增多。在物联网应用的成熟阶段，物联网的产业链大致可以分为四个主要的环节：芯片/终端、网络、平台服务、集成应用与数据服务。

芯片/终端是物联网产业链的源头，其中技术含量最高的是基带芯片，芯片/终端处于产业链的上游，芯片设计与制造带动了众多的模组和终端厂商，从产业链价值占比来看，芯片开发约占 10%，模组生产、面向各垂直行业和最终消费者的定制终端与通用终端设计及其操作系统开发等约占 20%，即芯片/终端环节的价值占整个产业链价值的 30%左右。

网络由运营商主导部署在授权频段，包括运营商公共连接及 LoRa 等私有连接。物联网应用场景的多样性导致了连接技术选择的差异性。广义上，物联网包括有线和无线两种网络连接方式。在无线接入方面，现有的蜂窝技术以高速率的移动宽带为演进方向，对于低速低频的长尾连接需求，需要低功耗广域通信等更为经济的技术方案。网络环节的价值占整个产业链价值的 10%左右。

平台服务提供设备管理、连接管理、安全管理、应用使能、业务分析等多样化的功能。在物联网发展初期，大规模建立连接，连接管理与设备管理是核心；随着大量入网设备的状态被感知，应用使能和安全管理的重要性逐渐凸显。平台服务是海量连接的生态聚合点，也是支撑物联网服务的一个重点环节。平台服务的价值占整个产业链价值的 20%左右。

集成应用与数据服务是物联网在具体行业中的应用场景，完成物联网软硬件配置并持续运营，也是定制化最明显、物联网应用价值最高的领域。这需要与行业深度融合，进行有针对性的应用开发、系统集成和业务运营等。事实上，物联网数据的智能分析和行业服务是物联网应用的最大增值服务。集成应用与数据服务的价值占整个产业链价值的 40%左右。

国内互联网与通信企业巨头早已推出各自的物联网服务产品，助力国内物联网应用不断深入发展，典型案例如下。

（1）腾讯公司于 2014 年 10 月发布了“QQ 物联智能硬件开放平台”，将 QQ 账号体系及关系链、QQ 消息通道能力等核心能力提供给可穿戴设备、智慧家居、智能车载、传统硬件等领域的合作伙伴，实现了用户与设备、设备与设备之间的互联、互通、互动，充分利用和发挥腾讯 QQ 的亿万个手机客户端及云服务优势，在更大的范围内帮助传统行业实现互联网化。腾讯 QQ 物联智能硬件开放平台的优势是能够帮助传统硬件快速转型为智能硬件，帮助合作伙伴降低云端、App 端等的研发成本，提升用户黏性并通过开放腾讯基于硬件的丰富网络服务创造更多“想象空间”。

腾讯 QQ 物联智能硬件开放平台的典型应用案例：在将硬件设备接入该平台后，用户可在 QQ 中通过二维码扫描、在局域网内查找等方式找到该设备，并将其添加为 QQ 好友。设备拥有自己的在线状态、昵称/备注名等与普通 QQ 好友相同的属性。此外，腾讯还有一个微信硬件平台。微信硬件平台是微信继连接人与人、企业/服务与人之后，推出的连接物与人、物与物的 IoT 解决方案。

（2）百度公司于 2016 年 7 月推出了名为“天工”的智能物联网平台，该平台主要面向工业制造、能源、物流等行业的产业物联网。“天工”是一个端到云的全栈物联网平台，拥有物接入、物解析、物管理、时序数据库与规则引擎五大产品，以千万级设备接入能力、每秒百万数据点的读写性能、超高的压缩率、端到端的安全防护和无缝对接天算智能大数据平台的能力，为客户提供极速、安全、高性价比的智能物联网服务。百度“天工”作为智能化的物联网平台，将“云计算 + 大数据 + 人工智能”融合为一体。“天工”平台能够以 SaaS 服务赋能更多行业软件，降低产业客户的上云成本，真正实现产业物联网。

“天工”平台已将深度学习等人工智能技术用于风机的预测性维修保养，将风机的故障预测准确率提升到 90%，故障预测召回率高达 99%，实现了人工智能与物联网的深度融合，极大地降低了设备运维成本和停机时间，延长了设备的生命周期。“天工”平台还为太原铁路局提供了高并发、高效率的数据接入服务，对海量数据进行清洗、变形、分析，并对机器学习算法进行优化，最终使太原铁路局实现了业内最优的实时物流调度，调度效率提升 59%。

（3）2017 年 6 月，在 IoT 合作伙伴计划大会（ICA）上，阿里巴巴联合近 200 家 IoT 产业链企业宣布成立 IoT 合作伙伴联盟。2017 年 10 月，阿里云在云栖大会上发布了 Link 物联网平台，借助阿里云在云计算、人工智能领域的积累，将物联网打造为智联网。Link 物联网平台构建了物联网云端一体化使能平台、物联网市场、ICA 全球标准联盟等基础设施，推动生活、工业、城市的智联网建设。Link 物联网平台的主要优势有：该平台融合了云上网关、规则引擎、共享智能平台、智能服务集成等产品和服务，使开发者能够实现全球范围内的快速接入、跨厂商设备的互联互通及第三

方智能服务的调用等，快速搭建稳定可靠的物联网应用。

Link 物联网平台的典型应用案例是无锡鸿山与阿里云联合打造的首个物联网小镇，借助飞凤平台，无锡鸿山实现了交通、环境、水务、能源等多个城市管理项目的在线运营，遍布的传感设备将这个城市的每个部件连接起来，从数据采集、流转、计算到可视化展现，实现了污染监控、排水全链路仿真、市政设施监控等多个项目的城市运营智能化。

（4）中国移动在 2014 年 10 月正式推出了 OneNET 物联网开放平台——中国移动物联网设备云。2017 年 11 月，OneNET 实现了使 NB-IoT 设备通过窄带蜂窝网络接入平台的能力，成为全国首家支持 CoAP+LWM2M 协议、遵循 IPSO 组织制定的 Profile 国际规范、实现 NB-IoT 场景解决方案的物联网平台。OneNET 拥有流分析、设备云管理、多协议配置、轻应用快速生成、在线调试等功能，其领先的平台能力优势覆盖了新能源、环境保护、车联网等行业应用领域，能够帮助开发者轻松实现设备接入与设备连接，快速完成产品开发部署，还为智能硬件、智慧家居产品提供了完善的物联网解决方案。OneNET 平台的优势是：具有高效、低成本优势，具有多协议智慧解析的一站式托管能力，具有支撑可靠性、安全性、包容性、适应性的数据存储和大数据分析功能，具有即时、持续的多维度支撑。

OneNET 平台的典型应用案例：与“Hi”电展开合作，协助其解决“设备状态检测”“设备位置监管”“设备信息管理”“反向控制设备”等问题；协助某网络工程有限公司完成了在东北农场中的黑木耳智慧种植，极大地提升了农副产业的营收；完成了光伏发电智慧工厂项目，快速提升了工厂智能化和生产效率，推进光伏发电新能源产业迈入智慧之路。

（5）中国电信于 2017 年 5 月宣布建成全球覆盖最广的商用新一代物联网（NB-IoT，窄带物联网），2017 年 7 月，NB-IoT 正式商用。NB-IoT 作为物联网的新兴技术，可广泛应用于政务行业、物流行业、零售行业及个人消费、智能家庭等领域，从而实现设备之间的互联互通与数据的实时获取，有效提升企业效率并节约成本。中国电信 NB-IoT 的优势有：基于 4G/5G 网络全覆盖部署，有移动网络的地方均可提供物联网服务，覆盖面较广；全网 31 万个基站同步升级，规模较大；基于 800MHz 低频段承载，具有信号穿透能力强、覆盖能力优的特点，使网络更稳定、质量更高。

中国电信 NB-IoT 的典型应用案例：在北京市中关村大街建立了 NB-IoT 试点，将 NB-IoT 具体应用在智能路灯、智能垃圾桶、智能井盖等项目中。中国电信曾与 ofo 共享单车、华为合作，推出基于 NB-IoT 的智能锁，由中国电信提供 NB-IoT 网络，华为提供芯片和软件技术。通过使用 NB-IoT 网络和模块，ofo 共享单车关锁截单时间缩短到 5 秒之内，电池待机时间可达 2 年以上。

（6）中国联通联合华为，于 2019 年 1 月为中央广播电视总台在长春市启动了 5G 网络 VR 实时制作传输测试，为 2019 年春晚长春分会场的 5G 直播应用提供技术验证与准备。这是我国首个 5G 媒体应用实验室在成功实现 5G 网络 4K 电视传输后，进行的又一次重要尝试，是中央广播电视总台在推动 5G 新媒体平台建设方面的一个重大突破，标志着中央广播电视总台在打造具有强大引领力、传播力、影响力的国际一流新型主流媒体，紧跟时代步伐、大胆运用新技术、加快融合发展方面迈出了坚实的一步。

2019 年 6 月，在南京物联网产业发展峰会上，中国联通与阿里云宣布将联合推出首款物联网云连接产品，该产品将打通阿里云物联网平台与联通网络的连接，为客户提供“云网端”一体化的物联网服务。该产品将向所有物联网企业提供安全可靠的“网络连接+物联网平台”解决方案，帮助企业将海量设备数据通过蜂窝网络采集上云，指令数据通过 API 调用下发至设备端，实现远程控制与管理。物联网云连接卡还提供了其他增值能力，如设备管理、规则引擎、数据分析、边缘计算等，为各类 IoT 场景和行业开发者赋能。

（7）智慧家居是在互联网影响之下的物联化体现。智慧家居通过物联网技术将家中的各种设备和系统（如音视频设备、照明设备、窗帘控制设备、空调控制设备、安防系统、数字影院系统、影音服务设备、影柜系统、网络家电设备等）连接到一起，提供家电控制、照明控制、电话远程控制、室内外遥控、防盗报警、环境监测、暖通控制、红外转发及可编程定时控制等多种功能和服务。与普通家居相比，智慧家居兼备网络通信、信息家电、设备自动化功能，提供全方位的信息交互服务。

信息家电是指操作简便、实用性强、带有 PC 主要功能的家电产品，是利用计算机、电信和电子技术与传统家电（包括白色家电如电冰箱、洗衣机、微波炉等和黑色家电如电视机、录像机、音响等）的创新结合，为使数字化与网络技术更广泛地深入家庭生活而设计的新型家用电器。所有能

够通过网络系统交互的家电产品，都可以称为信息家电。音频设备、视频设备和通信设备是信息家电的主要组成部分。另外，在传统家电的基础上，将信息技术融入传统的家电，使其功能更加强大、使用更加简便，能够创造品质更高的生活环境。国内许多家电设备制造商均已在产品中加装了物联网控制模块，实现了人与物的信息互通和交互控制，极大地方便了人们的生活。

第3章 物联网概念

本章论述物联网的概念，给出物联网的定义，并讨论物联网的内涵与外延。期望读者能够明确物联网是什么、物联网能干什么、物联网能给我们带来什么，同时具体说明了物联网的特点，从基本架构、技术架构和服务架构三个方面阐述了物联网的体系架构。物联网的体系架构是理解和研究物联网的基础，决定了物联网研究的方向和领域。从物联网的体系架构中可以抽象出物联网涉及的理论、技术与方法，这些理论、技术与方法可以指导我们建立物联网应用模型，成为研发各类物联网应用的参考框架。

3.1 物联网内涵

物联网的问世，打破了过去的传统思维框架，过去一直是将物理基础设施和 IT 基础设施分开规划和设计的，一方面是机场、公路、建筑物，另一方面是数据中心、个人计算机、网络等。而在物联网时代，钢筋混凝土、电缆将与芯片、网络整合为统一的基础设施，从这个意义上来说，基础设施更像一块新的地球工地，万物的运转在其上进行，涉及经济管理、生产运行、社会管理乃至个人生活。

物联网的发展需要循序渐进、逐步发展。在初始阶段，已有的一些基于行业数据交换和传输标准的联网监测监控、两化融合应用项目等推动新的面向 M2M（Machine to Machine，机器到机器）应用的集成系统的构建。在此基础上进入中级阶段，在物联网概念的推动下，基于局部统一的数据交换标准实现跨业务、跨行业的综合管理集成系统，包括基于 SaaS 模式和“私有云”的 M2M 营运系统。最终在发展阶段中，实现基于物联网平台的统一数据标准及 SOA、Web 服务、云计算虚拟服务的按需服务，从而最终实现“服务互联”的美好愿景。

事实上，20 世纪早期的一些远程自动化控制应用都可看作物联网应用的雏形。具体来说，物联网是在互联网、电信网和广电网发展的基础上，将互联互通的网络概念进一步扩展到现实生活中的各实体中，将已经在互联网和电信领域取得成功的新一代 IT 技术充分运用在各行各业之中，把感知设备和传输设备嵌入与日常工作与生活相关的一切物体，通过网络连接这些物体，形成物与物相连的网络，让虚拟的信息网络与现实的物理网络融为一体，将信息处理能力和智能技术通过互联网注入每个物体，使物质世界数字化，使物体会“说话”、会“思考”、会“行动”，实现人与人、人与物、物与物之间的相互感知、互联互通、信息共享及拟人化的“交流”。

1991 年，美国施乐公司帕洛·阿尔托实验室的 Mark Weiser 在《科学美国人》杂志上发表了一篇名为 *The Computer for the 21st Century* 的文章，首次提出了泛在计算（Ubiquitous Computing）的概念。Mark Weiser 预言泛在计算将成为下一代计算模式。他认为：“将来的计算技术应该是泛在的、普适的，即随处可以被人利用，却不为人所知的。处理能力的可达性将随着它的可见性的降低而增加，最具有深远意义的技术是那些从人们的注意力中消失的技术。”在移动时代，在互联网和宽带技术广泛部署的环境下，建立一个物体之间泛在的互联网并用它来创建一个新的生态环境是人们对信息通信技术基本发展趋势达成的共识。人类社会可以真正步入智能化和统一化的时代，各种物体之间均可以实现自由的交流，形成一个完全拟人化的智慧世界。

“物联网概念”是在“互联网概念”的基础上，将其用户端延伸和扩展到任何物与物之间进行信息交换和通信的一种网络概念。

按照维基百科的解释，物联网通过安置在各类物体上的射频识别（RFID）模块、传感器、二维码等，通过接口与互联网相连，从而给物体赋予“智慧”，实现人与物的“沟通”和“对话”，也可以实现物与物的“沟通”和“对话”。

按照国际电信联盟（ITU）的观点，物联网主要实现物到物（Thing to Thing，T2T）、人到物（Human to Thing，H2T）、人到人（Human to Human，H2H）之间的互联。与传统互联网不同的是，H2T 是指人利用通用装置与物互联，H2H 是指人之间不依赖个人计算机的互联。需要利用物联网才能解决的问题是传统意义上的互联网没有考虑的、针对所有物的连接问题。

ITU 物联网研究组的研究结果表明，物联网的核心技术主要是普适网络（Pervasive Network）、下一代网络（Next Generation Network，NGN）及普适计算（Pervasive Computing）。这三项核心技术的简单定义如下。

（1）普适网络：无处不在、普遍存在的网络。

（2）下一代网络：可以在任何时间、任何地点连接任何物品，提供多种形式的信息访问和信息管理的网络。

（3）普适计算：无处不在、普遍存在的计算。

我们认为，物联网是指在物理世界的实体中部署具有一定感知能力、计算能力或执行能力的各种信息传感设备，通过网络设施实现信息传输、协同和处理，实现广域或特定范围内的人与人、人与物、物与物之间信息交换的互联网络。“物联网”是手段，“服务互联”是目的。

因此，物联网技术的核心思想为：利用各种形式、方法感知各类物品、设备、人等，实现无所不在的感知；解决不同接入方式、不同网络、不同应用系统及不同场景与环境的互联互通和信息共享问题；提供可定制的、个性化的综合信息服务，支持智能的知识处理与辅助决策手段，实现智能服务。

根据物联网的基本概念，“物”需要满足特定条件才能被纳入物联网的范围。这些条件包括具有可被识别的唯一编号，具有相应的信息接收器与发送器，具有数据传输通路并遵循通信协议标准，具有存储功能，具有处理器，具有控制系统软件，具有专门的应用程序等。

“Internet of Things”在中国被译为“物联网”，我国在物联网理念推广和应用方面可以说已经走在了世界前沿。

相比于传统的互联网，物联网有其自身的基本特征：首先，它是各种感知技术的广泛应用；其次，它是一种建立在互联网之上的泛在网络；最后，它本身具有智能处理的能力。

（1）物联网中部署了海量的多种类型的传感器，每个传感器都是一个信息源，不同类型的传感器所捕获的信息内容和信息格式不同。传感器获得的数据具有实时性，其按一定的频率周期性地采集环境信息并不断更新数据。所以，物联网是各种感知技术的广泛应用。

（2）物联网技术的重要基础和核心是互联网。物联网中的传感器定时采集的信息需要通过网络传输，由于数据量极大，在传输过程中，为了保障数据的正确性和及时性，必须适应各种异构网络和协议要求。所以，物联网是一种建立在互联网之上的泛在网络。

（3）物联网不仅提供了传感器的连接，还能够对物体实施智能控制。物联网将传感器和智能处理相结合，利用云计算、模式识别等各种智能技术，不断扩大应用领域。通过对传感器获得的海量信息进行分析、加工和处理，得到有意义的数据，从而适应不同用户的不同需求，发现新的应用领域和应用模式。所以，物联网本身具有智能处理的能力。

根据物联网自身的特征，物联网应该提供以下几类通用服务。

（1）联网类服务：物体标志、物体通信、物体定位。

（2）信息类服务：信息采集、信息存储、信息查询。

（3）操作类服务：远程监测、远程操作、远程控制、远程配置。

（4）安全类服务：用户管理、访问控制、事件报警、入侵检测、攻击防御。

（5）管理类服务：故障诊断、性能优化、系统升级、计费管理。

当然，根据不同领域的物联网应用需求，以上服务类型可以进行相应的扩展。物联网的服务类型是设计和验证物联网体系结构的主要依据。

3.2 物联网外延

在理解物联网的定义的基础上，还需要明确物联网与传感网、泛在网及下一代网络之间的关系。

目前，人们对传感网、物联网、泛在网之间的关系仍然缺乏清晰的认识，因此，我们有必要讨论和分析它们三者之间的关系。传感网、物联网与泛在网三者之间虽有一定联系，但各自的定位却不相同。传感网、物联网与泛在网的相互关系如图 3-1 所示。

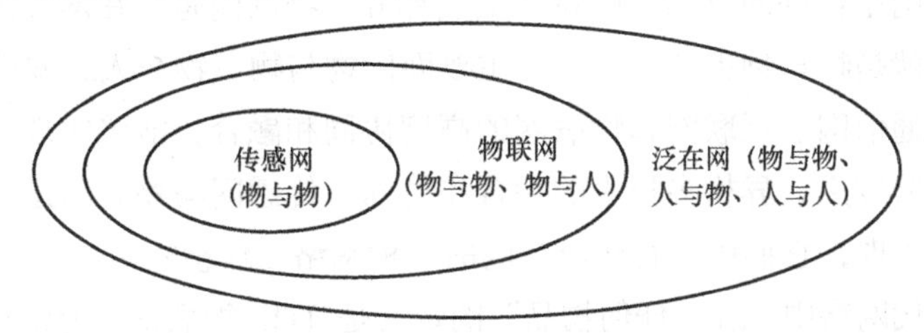

图 3-1 传感网、物联网与泛在网的相互关系

传感网最早由美国提出，它利用各种传感器收集光、电、温度、湿度、压力等信息，再通过中低速的近距离无线通信技术构成一个自组织网络，是一种由多个具有有线/无线通信与计算能力的低功耗、小体积的微小传感器节点构成的网络系统，一般提供局域或小范围物与物之间的信息交换功能。传感网可简单看作由各种各样的传感器和中低速的近距离无线通信技术共同组成的网络。

物联网是指在物理世界的实体中部署具有一定感知能力、计算能力和执行能力的各种信息传感设备，通过网络设施实现信息传输、协同和处理，从而实现广域或大范围内的人与物、物与物之间的信息交换与共享。在 2010 年国务院政府工作报告的注释中，指明物联网“是指通过信息传感设备，按照约定的协议，把任何物品与互联网连接起来，进行信息交换和通讯，以实现智能化识别、定位、跟踪、监控和管理的一种网络。它是在互联网基础上延伸和扩展的网络。”相对于以人为服务对象的互联网，物联网将服务对象扩展为以更广的“物”为基础的网络。一般认为，互联网在信息空间沟通，物联网在物理空间沟通。

泛在网（Ubiquitous Network）也称为无所不在的网络，包括三个层次的内容：无所不在的基础网络、无所不在的终端单元、无所不在的网络应用。泛在网将 4A 作为主要特征，即在任何时间（Anytime）、任何地点（Anywhere），任何人（Anyone）、任何物（Anything）都能方便地通信。泛在网在兼顾物与物相连的基础上，涵盖了物与物、物与人、人与人的通信，是全方位沟通物理世界与信息世界的桥梁。从泛在的内涵来看，泛在网关注的是人与周边的和谐交互，各种感知设备与无线网络只是手段，在最终泛在网形态上，既有互联网的部分，也有物联网的部分，同时还有属于智能系统范畴的部分，如智能推理、情境建模、上下文处理、业务触发等。

传感网是物联网感知层的重要组成部分；物联网是泛在网发展的初级阶段，也就是物与物相连的阶段，主要面向物与物、物与人之间的通信；泛在网是通信网、互联网和物联网的高度协同和融合，能够实现跨网络、跨行业、跨应用、异构多技术的融合和协同。传感网与物联网是泛在网应用的具体体现，它们可被看作泛在网的一种网络工作模式。

下一代网络中“互联任何物品”的定义是 ITU 物联网研究组对下一代网络定义的扩展，是对下一代网络发展趋势的高度概括。目前已有的多种互联形式，如手机互联、移动装置互联、汽车互联、传感器互联等，都揭示了下一代网络在“互联任何物品”方面的发展趋势。从某种角度来说，下一代网络可被看作可以连接任何物的物联网。

传统意义上的下一代网络侧重于为人提供方便的信息服务，所以，从网络服务的角度来看，下一代网络可以被称为信息网络；而从互联的角度来看，这种传统的下一代网络定义仍旧局限在传统互联网的范畴内，仅强调人与人之间的信息交互。

我们认为，应该按照 ITU 的定义，把物联网研究和开发纳入下一代网络的范畴，从而使下一代网络可以真正推动人类社会发展。

人与人之间的信息交互是具有百年发展历史的电信网主要业务范畴，引入物联网理念的下一代网络，可以从根本上扩展电信网的业务范畴，真正推动电信业务和电信网络的全面变革，可以为电信网（包括固定电信网和移动电信网）创造新的发展机遇。

3.3 物联网特点

物联网中“物”的基本特点主要有以下几点。

（1）要有数据传输通路。

（2）要有一定的存储功能。

（3）自身要有一定的处理能力。

（4）要有对应的控制和管理系统。

（5）要有专门的应用程序提供信息交互和使用接口。

（6）应遵循物联网中的通信协议标准。

（7）具有可被识别的唯一编号。

物联网是继计算机、互联网之后世界信息技术的第三次革命，据美国信息技术分析机构 Forrester 的预测，物联网带来的产业价值要比互联网大 30 倍，将形成下一个上万亿元规模的高科技市场。

根据提供服务的方式不同，可以将物联网分成四大类。

（1）私有物联网（Private IoT）：私有物联网一般面向单一机构提供内部服务，满足个体的物与物、物与人的相连需求。

（2）公有物联网（Public IoT）：公有物联网基于互联网向公众或大型用户群体提供服务，实现更大范围的物与物、物与人的相连，如面向跨行业的物联网应用，甚至是面向全球的物联网应用。

（3）社区物联网（Community IoT）：社区物联网向一个关联的“社区”或机构群体提供服务，如一个城市政府下属的各委办局（如公安局、交通局、环保局、城管局等），服务具有明显的功能内聚的特征，提供的是一类具有明确主题的信息服务。

（4）混合物联网（Hybrid IoT）：混合物联网是两种或两种以上的物联网应用形态的组合，可以面向不同的需求提供不同的服务，能够提高服务的针对性、有效性和安全性。

3.4 物联网体系架构

体系架构是一个系统的基本组织，表现为系统的组件和组件之间的相互关系、组件和环境之间的相互关系，以及设计和进化的原则。物联网的体系架构是理解和研究物联网的基础。

物联网体系架构的设计应该遵循以下五条基本原则。

（1）多样性原则。应根据物联网节点类型的不同，设计不同类型的体系架构。

（2）时空性原则。物联网体系架构必须能够满足物联网的时间、空间和能源等需求。

（3）互联性原则。物联网体系架构必须能够平滑地与互联网连接。

（4）安全性原则。物联网体系架构必须能够防御大范围的网络攻击。

（5）坚固性原则。物联网体系架构必须具备坚固性和可靠性。

3.4.1 基本架构

物联网作为一种形式多样的聚合性复杂系统，涉及信息技术自上而下的每个层面。通常认为物联网具有三个基本层，即感知层、网络层和应用层。感知层提供泛在化的感知网络，网络层提供融合化的信息通信基础设施，应用层提供普适化的应用服务支撑体系。物联网的基本架构如图 3-2 所示。

1. 感知层

感知层主要实现感知功能，包括识别物体、采集数据等，涉及二维码标签、RFID、传感器与传感网、短距离无线通信、视频采集装置、嵌入式系统、GPS 等。

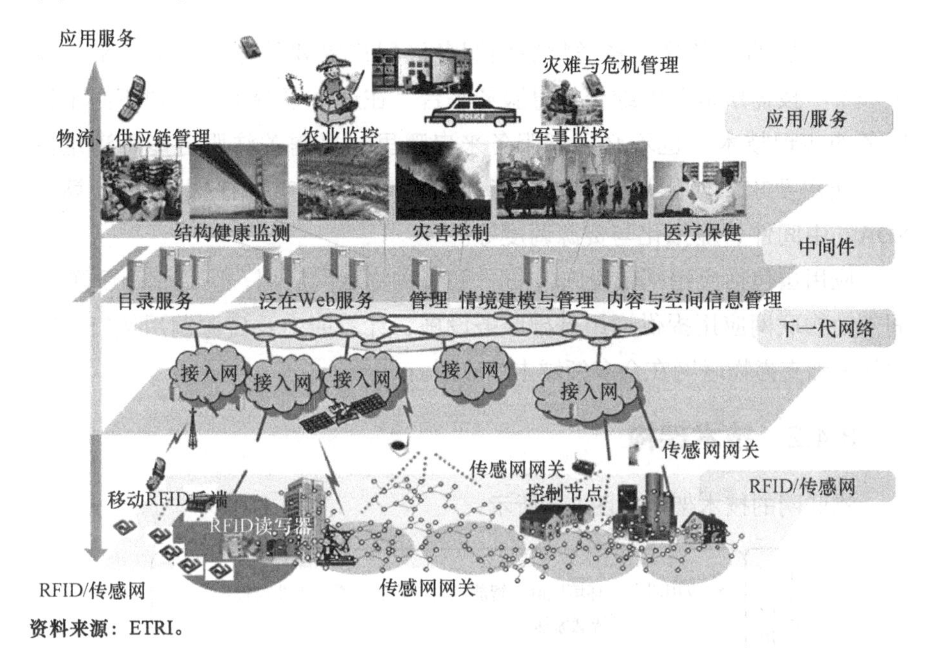

资料来源：ETRI。

图 3-2　物联网的基本架构

感知层处于物联网三层架构的底层，是物联网中最基础的连接与管理对象。在物联网中，各类感知装置不仅要解决“上行”的感知与检测问题，而且要解决“下行”的监测与控制问题，达到“监”“管”“控”的一体化。

2．网络层

网络层主要实现信息的传递、路由和控制，以及对从感知层获取的数据进行处理并提供给应用层。

网络层需要解决异构网络的集成、不同协议之间的互联互通、多源数据的融合与共享等传输问题。

网络层处于物联网三层架构的中间层，是物联网的传输中心，涉及有线通信技术和无线通信技术。有线通信技术包括短距离的现场总线（FCS、PLC）和中、长距离的广域网（WAN、PSTN、ADSL、HFC Cable）；无线通信技术包括长距离的无线广域网（WWAN）和中、短距离的无线局域网（WLAN），以及超短距离的无线个人网（WPAN）。

3. 应用层

应用层的任务是将各类物联网服务以用户需要的形式呈现出来，提供一个“按需所取”的综合信息服务平台。在这个平台上，用户不必了解服务的实现技术，也不必了解服务来自哪里，只需关注服务能否满足自己的使用要求。应用层涉及高性能计算、数据库与数据挖掘、云计算、SOA、中间件、虚拟化与资源调度等。

应用层包括应用基础设施/中间件和各种物联网应用。应用基础设施/中间件为物联网应用提供通用基础服务设施、计算能力及资源调用接口，以此为基础支撑物联网在众多领域中的应用。

3.4.2 技术架构

物联网的技术架构如图 3-3 所示。

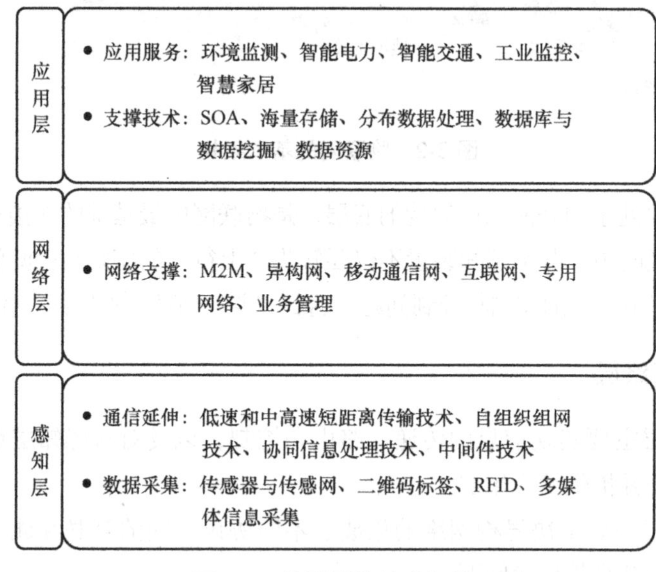

图 3-3 物联网的技术架构

1. 感知层

从技术架构的角度考虑，物联网的感知层应由两个功能不同的子层组成，一个是数据采集子层，另一个是通信延伸子层。数据采集子层实现对物理世界的智能感知与识别、信息采集处理和自动控制；通信延伸子层通过通信终端模块直接（或在组成延伸网络后）将物理实体连接到网络层中。

数据采集子层通过各种类型的传感器获取物理世界中的数据信息，如各种物理量、标志、音/视频多媒体数据等。数据采集涉及传感器与传感网、二维码标签、RFID、多媒体信息采集等。

低速和中高速短距离传输技术和协同信息处理技术作为通信延伸子层的主要支撑技术，将采集到的数据在局部范围内进行协同处理，从而提高信息的精度并降低信息冗余度，进而通过具有自组织能力的短距离传感网接入广域承载网络。

感知层中间件技术旨在解决感知层数据与多种应用平台之间的兼容性问题，涉及代码管理、服务管理、状态管理、设备管理、时间同步、定位等。在有些应用中，还需要通过执行器或其他智能终端对感知结果做出反应，实现智能控制。

2. 网络层

从技术架构的角度考虑，网络层应由两个功能不同的子层组成，一个是接入网子层，另一个是核心网子层。接入网子层负责解决感知层与网络层之间数据的互联互通，不仅需要提供标准的网络接口，还需要支持专门化的网络接入方式；核心网子层负责解决网络层与应用层之间数据传递及异构网络融合的问题。网络层可以依托电信网和互联网，也可以依托行业专用通信网络。

网络层将来自感知层的各类信息通过基础承载网络传输到应用层中，包括移动通信网、互联网、卫星网、广电网、行业专网及融合网络等。根据应用需求，可使用透传的网络层，也可升级以满足未来不同内容的传输要求。经过十余年的快速发展，移动通信、互联网等技术已比较成熟，在物联网的早期阶段基本能够满足数据传输的需求。

网络层主要关注来自感知层的、经过初步处理的数据经由各类网络的传输问题，这涉及智能路由器、不同网络传输协议的互通、自组织通信等。全局范围内的标志解析在该层完成。

3. 应用层

应用层处于三层架构的顶层，是物联网应用服务的体现层。应用层应包括支撑技术子层和应用服务子层。支撑子层接收和处理来自网络层的数据，并根据应用需求和服务模式进行数据处理以获得加工后的信息；应用服务子层负责将这些信息以服务的方式呈现出来，供用户选取。物联网的核心功能是对信息资源进行采集、开发和利用，因此应用层是物联网应用服务的体现层。

支撑技术子层的主要功能是利用底层采集的数据，形成与业务需求相适应、实时更新的动态数据资源库。该部分采用元数据注册、发现元数据、信息资源目录、互操作元模型、分类编码、并行计算、数据挖掘、智能搜索等各项技术，根据业务需求，开展相应的数据资源管理工作。

应用服务子层的主要功能是根据物联网业务需求，采用建模、企业体系结构、SOA 等设计方法，开展物联网业务体系结构、应用体系结构、IT 体系结构、数据体系结构、技术参考模型、业务操作视图设计。物联网涉及面广，包含业务需求、运营模式、应用系统、技术体制、信息需求、产品形态等均不同的应用系统，因此必须科学规划和设计系统的业务体系结构等。

可以对业务类型进行细分，包括绿色农业、工业监控、公共安全、城市管理、远程医疗、智慧家居、智能交通和环境监测等，根据业务需求的不同，对业务、服务、数据资源、共性支撑、网络和感知层的各项技术进行调整，形成不同的解决方案。

应用层为各类业务提供统一的信息资源支撑，通过建立实时更新并可重复使用的动态信息资源库与应用服务资源库，各类业务服务能够根据用户的需求按需组合，提高物联网应用系统对于业务的适应能力。应用层能够提升系统资源的重用度，为快速构建新的物联网应用奠定基础。应用层涉及数据资源、体系结构、业务流程等，是物联网能否发挥作用的关键。

3.4.3 服务架构

物联网要面对海量数据，如何分析和共享这些海量数据是一个值得关注且需要解决的问题。构建一个开放的物联网服务体系，封装物联网数据智能处理过程，最终成为数据服务的平台提供者，让第三方能够通过开放的标准服务接口，实时访问真实、可靠的物联网数据，并可以基于物联网服务平台提供的数据服务，构建自己需要的物联网应用。

如图 3-4 所示为面向服务的物联网体系架构。从图 3-4 中可以看出，面向服务的物联网应用处理流程是，泛在传感网获取来自物理世界的感知信息，并通过基于多网融合的接入方式传递给公共网络平台，针对不同的服务，以不同的海量数据库作为数据存储与处理支撑中心；通信运营商的通信通道提供传输服务，将综合数据提交给共享信息平台，共享信息平台一方面负责异构数据的融合处理，另一方面屏蔽底层物理机制的差异，以统一的接口提供数据服务；各类应用服务与共享信息平台交互，获取所需的综合信息；在应用服务的基础上就会形成对应的产业链，当然一个产业链可能需要多个应用服务的支撑。

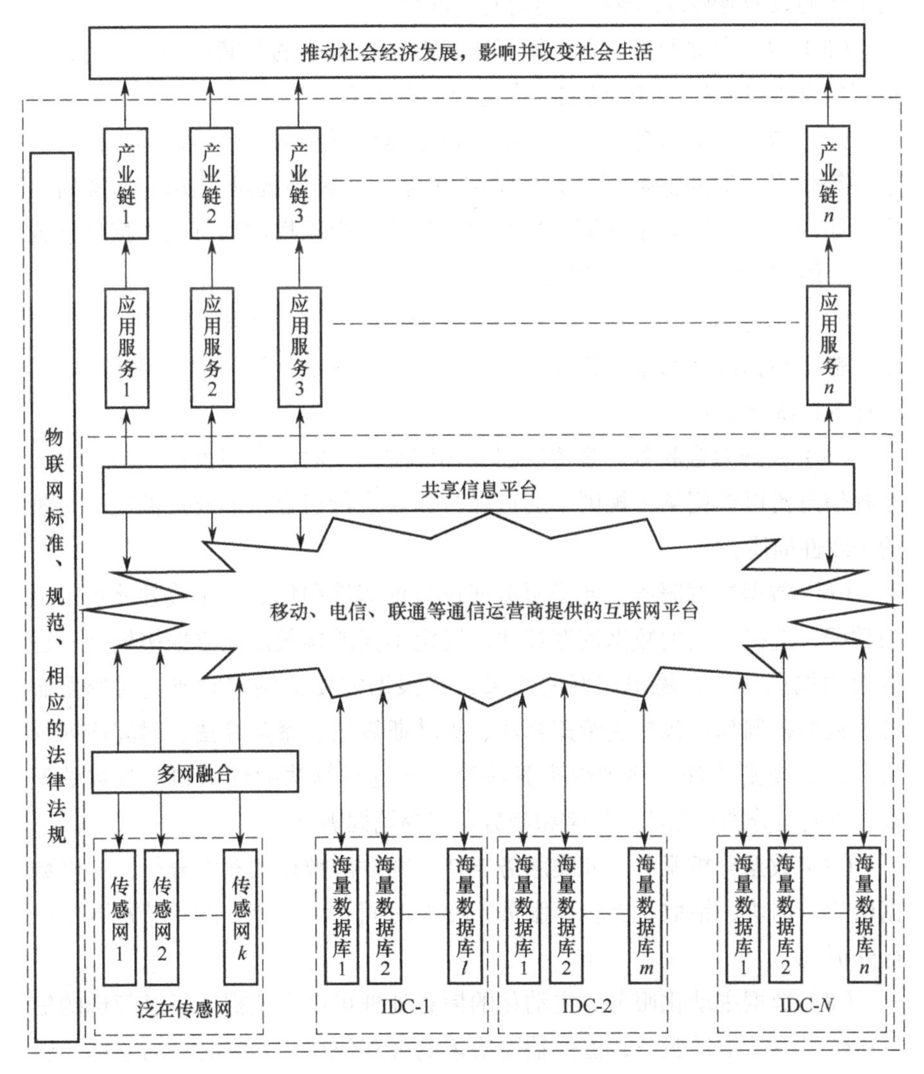

图 3-4　面向服务的物联网体系架构

1. 从物联网提供的数据服务的内容与方式考虑

从物联网提供的数据服务的内容与方式考虑，要规划物联网数据服务的内容，构建开放的服务目录。物联网提供的数据服务可以分为以下几大类。

（1）数据关联与格式转换服务。此类服务基于已注册终端上传的数据，进行数据关联和格式转换，实现数据分层组织和并行加载，使不同终端上传的数据能够按标准格式进行存储和使用。

（2）数据存储服务。此类服务支持对不同大小的存储空间的申请，可根据预设的规则对存储空间的大小进行动态调整。

（3）数据查询服务。此类服务可以根据传感终端号码、时间、位置、事件等信息，对原始数据、分析结果数据进行单个/批量、实时/非实时查询，如在页面实时显示环境监控数据，具体可根据物联网行业数据特征或应用功能需求设计各种查询服务。

（4）数据统计服务。此类服务能够从地域、终端类型、时间段等维度，输出数据统计结果，具体可根据物联网行业数据特征或应用功能需求设计各种统计服务。

（5）数据融合服务。多传感器在不同空间或时间上观察得到的冗余或互补信息可以依据某种规则，通过融合算法进行组合，形成对被观测对象的一致性描述。

（6）数据挖掘服务。此类服务通过数据清洗和集成，生成并分析相关的数据，选择不同的数据挖掘算法，设定不同的参数以建立挖掘模型，进行数据挖掘操作，输出挖掘的结果，可根据需要提供定时或实时挖掘服务。数据挖掘算法包括决策树算法、贝叶斯算法、聚类算法、时间序列算法、关联规则算法、序列聚类算法等，通过对算法的选择和对参数的配置，可满足分类和预测、异常和趋势发现等挖掘需求。

（7）数据分析服务。此类服务支持对物联网数据的多维分析，提供数据切片、切块、钻取、旋转等服务，如按时间、地域等维度对感知数据进行分析。

（8）数据主动化服务。主动化的信息处理可以有效提供经过筛选的信息和信息主动推送服务，提供辅助决策的客观依据，如实时主动监控、例外或错误的主动处理和自动恢复、系统瞬时状态的输出或关键点状态输出、协同分布式数据管理与维护等。

（9）数据可视化服务。为方便数据应用，还可以提供数据可视化服务，如车辆行驶路线的电子地图展现、数据分析统计结果的图表展现等。

在实际应用中，由于数据不同、行业间存在差异及未来潜在物联网应用具有不可预测性，基于物联网数据的服务数量可以说是无限的，这就需要在服务设计时进行合理裁剪和分类规划，防止服务泛滥，难以管理和使用。除了数据服务，还可以利用现有的物联网行业应用，向上拓展，封装/开放流程与应用服务，为第三方开发物联网应用提供更多的便利。

2．从物联网服务的功能角度考虑

从物联网服务的功能角度考虑，物联网数据服务体系结构应包括终端管理功能、数据预处理功能、数据存储功能、实时分析功能、数据挖掘功能、数据服务功能、数据接口功能、应用管理功能和其他附属功能，实现与传感终端的通信、与第三方物联网数据提供商的数据库集成及物联网应用对数据服务的访问，同时对用户通过物联网应用访问数据服务的情况进行记录。

（1）终端管理功能。该功能提供终端注册、监控、资源管理等服务，对传感终端等物理设备进行统一管理。

（2）数据预处理功能。该功能接收由终端上传的数据，进行数据转换，屏蔽不同类别的传感器所产生的数据的差异性，生成统一的标准格式的数据。

（3）数据存储功能。该功能实现原始采集数据、清洗转换数据、分析结果数据、元数据等各类物联网数据的存储和备份功能。

（4）实时分析功能。该功能通过对实时数据的统计分析，对数据进行分析处理，输出分析结果。

（5）数据挖掘功能。该功能完成对大量非实时数据的统计、分析与挖掘，定时生成分析结果数据，当用户调用相关服务时，可以直接输出已分析的结果，提高服务效率。

（6）数据服务功能。该功能提供服务注册、服务发现、服务组装等服务，将服务向外部物联网应用开放。

（7）数据接口功能。该功能提供与第三方物联网数据提供商的数据库接口，实现对外部数据源的访问。

（8）应用管理功能。该功能对访问数据服务的物联网应用进行注册管

理、注销管理。

（9）其他附属功能。该功能可以根据需要增减辅助模块，如数据可视化功能、计费数据采集功能、流程管理功能、系统管理功能等。

值得指出的是，在实现面向服务的物联网体系架构的同时，要重视信息安全保护机制的总体策略，而且需要针对不同的层面、不同的流程阶段考虑不同的安全方案。

事实上，建立一个基本的物联网应用平台，就是建立面向某个具体应用领域的物联网中间件。因为不同的应用领域对节点控制的可靠性、实时性、安全性有不同的要求，所以需要设计和实现具有不同控制能力的中间件。设计和实现物联网应用中间件，可以隐藏物联网的内部特征，这满足快速开发应用的需求。

在设计和实现物联网应用中间件的过程中，需要参照物联网相关领域的应用平台服务接口标准，如果是一个全新的物联网应用领域，可以在设计和实现物联网应用中间件的过程中，提取与实现无关的部分，形成该领域的物联网应用平台服务接口技术规范。在建立物联网应用中间件后，可以进一步设计和实现物联网应用系统，包括基本应用系统和特定应用系统。

3.5 应用模型

1. 通用的物联网应用基本模型

从物联网的体系架构可以抽象出物联网涉及的理论、技术与方法，这些理论、技术与方法可以指导我们建立物联网的应用模型，作为研发各类物联网应用的参考框架。通用的物联网应用基本模型如图 3-5 所示。

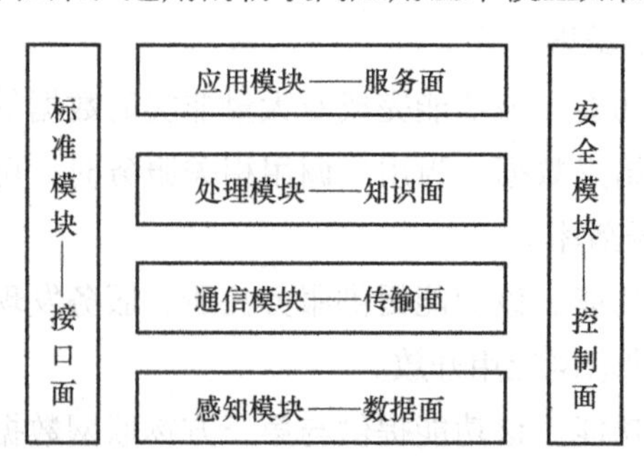

图 3-5 通用的物联网应用基本模型

通用的物联网应用基本模型包括六个基本模块：感知模块、通信模块、处理模块、应用模块、标准模块和安全模块。其中，感知模块、通信模块、处理模块和应用模块对应物联网基本架构中各层次需要实现的功能，标准模块和安全模块是共性的支撑模块。

从应用研发的角度考虑，通用的物联网应用基本模型呈现给开发设计人员六个基本面。支撑非功能性需求的是接口面和控制面，支撑功能性需求的是数据面、传输面、知识面和服务面。

（1）接口面负责实施标准，提供协议和接口，这是物联网应用得以部署的基本条件，对任何技术而言，标准都是部署和推广的关键，几乎所有成功的商用技术都是通过一系列的标准化来实现对市场的渗透和占有的。没有标准的物联网是无法实施的。

（2）控制面负责解决安全、认证和隐私保护问题，不可见的数据在人与人、人与物、物与物之间的持续交换对使用者和持有者而言都可能是不可知的，那么，在周围的环境中，谁最终控制那些实现数据采集的“眼睛”和“耳朵”？要让用户接受物联网新技术，就必须做好对私人数据安全性的保障，更重要的是，私密性要通过技术方案来解决。没有安全性的物联网是不会有人使用的。

（3）数据面主要用于管理数据的采集，解决现场数据或局部数据的分组传递（上行），以及控制指令到达前端设备（下行）。数据面是实现感知与控制的最前端界面，也是实现基于物联网的互联与服务的基础。

（4）传输面通过向数据面发送配置报文，优化数据面的吞吐量及可靠性；同时解决异构多源网络的互联互通问题，实现海量数据的分类集成传输，解决接入网与核心网之间的融合等问题。

（5）知识面接收并存储来自传输面的海量数据，依据业务规则进行相应的分析处理，形成面向行业的信息，构建面向领域的知识库，供决策分析使用，这里涉及许多计算机软件技术，是物联网应用的核心所在。

（6）服务面提供整个物联网的完整服务视图，是物联网应用的最终体现，其中提炼出来的知识可以反馈并用于知识面的适应性处理。服务面与知识面的交互有助于发挥物联网自主、智能的处理能力。

2．物联网应用系统分类

基于通用的物联网应用模型构建物联网，通常涉及标志物品、建立物品联网系统和建立物联网应用系统三个方面的工作。因此，在不失一般性的前提下，目前的物联网应用系统可以大致分为三大类：基于标志的应用、基于感知网络的应用和基于 M2M 的应用。

（1）基于标志的应用。电子标签是一种能够灵活地把“物”变为“智能物件”的有效工具。在移动和非移动物上贴上标签，可实现各种信息的记录、跟踪和管理。EPC Global 提出，Auto-ID 系统由五大技术组成，分别是 EPC（电子产品码）标签、RFID 标签阅读器、ALE 中间件实现信息的过滤和采集、EPCIS 信息服务系统及信息发现服务（包括 ONS 和 PML）。

（2）基于感知网络的应用。基于感知网络应用主要包括无线传感网络（WSN），此外还有视觉传感网（VSN）、人体传感网（BSN）等其他传感网。WSN 由分布在自由空间里的一组“自治的”无线传感器组成，所有传感器共同协作，完成对特定周边环境（包括温度、湿度、化学成分、压力、声音、位移、振动、污染颗粒等）的监测与控制。WSN 中的节点一般由一个无线收发器、一个微控制器和一个电源组成。WSN 一般是自治重构网络，包括无线网状网和移动自重构网（MANET）等。事实上，包括视频监控等在内的传统数据采集的方式同样为物联网提供了有效的感知物理世界的方法。

（3）基于 M2M 的应用。业界认同的 M2M 理念和技术架构所覆盖的范围应该是最广的，它包含 WSN 的部分内容，也覆盖了有线和无线两种通信方式；同时，覆盖和拓展了工业信息化（两化融合）中传统的数据采集与监控（SCADA）系统。虽然 M2M 和 SCADA 似乎是一样的，但由于 M2M 基于物联网等新技术，有标准化作为基础，二者还是有区别的。目前 M2M 的发展尚缺乏像 ONS 和 PML 那样的物联网标准规范和统一体系架构。

3.6 拟人化与虚拟化方法

物联网的部署有两个重要前提：一是将物理世界中的物体拟人化，二是将虚拟世界中的信息虚拟化。

物联网是连接物与物的网络，虽然物联网的基础仍是互联网，但是物联网将互联网延伸和扩展到了提供物与物的信息互换和通信的层面。随着物联网技术的不断发展，人们的生活环境将越来越拟人化。显然，物理世界中那些原本没有“生命”的物体不可能像人一样具备感知、思考与动作能力，要想使这些物体像人一样能“说话”“思考”“行动”，必须对物联网应用中的那些物体进行“拟人化”处理，为它们赋予“生命”，使它们像人一样具备一定的智慧。

物联网通过各种传感设备实时采集声、光、热、电、力等各种需要的信息。感知层相当于人的眼、耳、鼻、喉和皮肤等。我们可以通过构造虚拟视觉系统、虚拟听觉系统、虚拟感觉系统和虚拟运动系统等来为物体附加感知能力。

人感知的信息通过神经系统从眼、耳、鼻、喉和皮肤等传递给大脑，而大脑就像信息中心，它存储信息并对信息进行分析处理，同时会根据分析处理的结果来判断是否需要反馈动作指令来指导人体做出相应的动作。那么，我们可以利用物联网技术将各类物体连接在网络中，通过网络将虚拟感知系统获取的信息传递到信息中心的计算机上，由计算机中的物联网应用系统进行处理，这里涉及事件驱动机制和主动信息服务机制，当然也会根据情况要求物体做出恰当的反应动作。如图 3-6 所示为物体“拟人化”的形象说明。

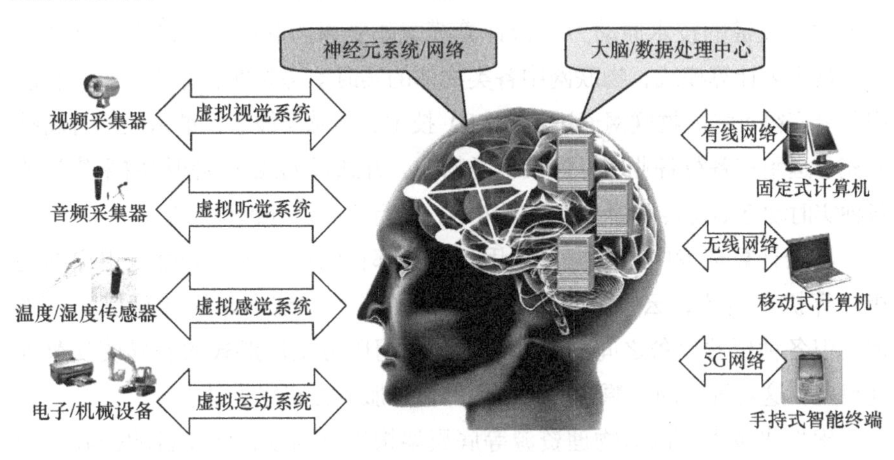

图 3-6 物体“拟人化”的形象说明

云计算（Cloud Computing）一词从 2008 年年初开始被广泛使用。实际上，云计算这个概念的直接起源是戴尔的数据中心解决方案、Amazon EC2 产品和 Google-IBM 分布式计算项目。狭义的云计算是指 IT 基础设施的交付和使用模式，通过网络以按需、易扩展的方式获得所需的资源（硬件、平台、软件）。提供资源的网络被称为“云”，“云”中的资源在使用者看来

是可以无限扩展的，并且可以随时获取、按需使用、随时扩展、按使用付费，可看作像使用水电一样使用 IT 基础设施。广义的云计算是指服务的交付和使用模式，通过网络以按需、易扩展的方式获得所需的服务。这种服务可以是与 IT、软件、互联网相关的服务，也可以是任意的其他服务。云计算平台包括三类服务：基础设施即服务（Infrastructure as a Service，IaaS）、平台即服务（Platform as a Service，PaaS）、软件即服务（Software as a Service，SaaS），而这三类服务的基础是虚拟化平台。

虚拟化技术将物理资源进行替换，呈现给用户的是一个与物理资源有相同功能和接口的虚拟资源。这个供用户使用的虚拟资源可能是建立在一个实际的物理资源上的，也可能是跨多个物理资源的，用户不需要了解底层的物理细节，相关的映射管理工作由虚拟化系统完成。根据处理对象的不同，虚拟化技术可分为存储虚拟化技术、操作系统虚拟化技术和应用虚拟化技术等。

由于虚拟化技术的逐渐成熟和广泛运用，云计算中的计算、存储、应用和服务都变成了资源，这些资源可以进行动态扩展和配置。虚拟化技术是云计算中最关键的技术原动力。云计算模式是支撑物联网部署的重要技术平台，基于云计算模式，物联网中各类物体的实时动态管理、综合分析、智能服务等变得可能。物联网通过将 RFID 技术、传感器技术、纳米技术等新技术充分运用在各行各业中，连接各类物体，并通过无线网等网络将采集到的各种实时动态信息传送给计算处理中心，进行汇总、分析和处理。

在云计算环境中，数据、应用和服务都存储在云中，云就是用户的超级计算机。因此，云计算要求所有的资源能够被这个超级计算机统一管理。但各种硬件设备之间的差异及不同应用服务呈现形式的差异使其兼容性很差，这对统一的资源管理和综合的信息服务提出了挑战。

虚拟化技术可以对物理资源等底层架构进行抽象，使设备的差异性和兼容性对上层应用透明，从而允许云对底层千差万别的资源进行统一管理。此外，虚拟化简化了应用编写的工作，使开发人员可以仅关注业务逻辑，而不需要考虑底层资源的供给与调度。在虚拟化技术中，这些应用和服务驻留在各自的虚拟机上，有效地形成了隔离，一个应用的崩溃不会影响其他应用和服务的正常运行。不仅如此，运用虚拟化技术还可以随时进行资源调度，实现资源的按需分配，应用和服务既不会因为缺乏资源而性能下降，也不会因为长期处于空闲状态而造成资源浪费。同时，虚拟机的易创建性使应用和服务可以拥有更多的虚拟机来进行容错和灾难恢复，从而提高了自身的可靠性和可用性。物联网借助云计算支撑环境可以方便地实现综合的智能信息服务。

基于虚拟化技术的云计算服务架构如图 3-7 所示。

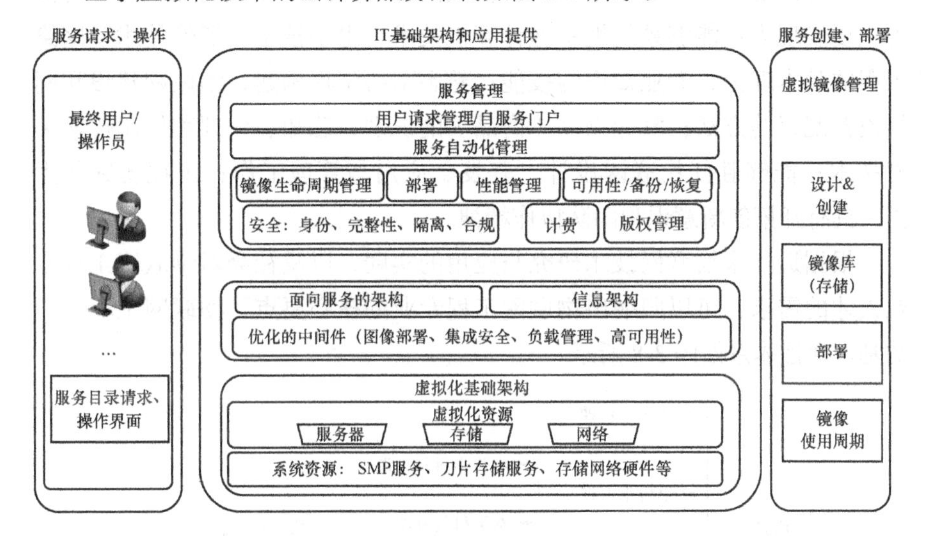

图 3-7　基于虚拟化技术的云计算服务架构

3.7　物联网知识体系与人才培养

教育部以科学发展观为指导，坚持面向现代化、面向世界、面向未来，立足我国国情，把握国家发展的历史方位和高等教育发展的阶段性特征，遵循教育规律和人才成长规律，经反复论证，在吸收各方面意见和建议并基本达成共识的基础上，最终形成《普通高等学校本科专业目录（修订一稿）》，并于 2011 年 5 月发布，使本科专业目录更加适应经济社会发展的需要，推动培养适应国家战略性新兴产业需求的高级技术人才。

在《普通高等学校本科专业目录（修订一稿）》中，物联网工程专业（080905）列于计算机专业类（0809）之中，归属工学门类（08）。物联网工程专业是一个多学科交叉的专业，它的主干学科属于计算机专业类，另外还涉及电子信息专业类和自动化专业类等。

物联网工程专业的毕业生面向与物联网相关的企业、行业，从事物联网通信架构、网络协议和标准、无线传感器、信息安全等的设计、开发、

管理与维护工作，也可在高校或科研机构中从事教学和科研工作。因此，物联网工程专业的培养目标是，培养能够系统掌握物联网相关理论、方法和技能，可以从事物联网及相关应用领域的系统分析、设计与技术开发及研究等方面的高等工程技术人才。物联网工程专业毕业生的知识体系与能力主要表现为：能够系统地掌握计算机技术、电子技术、通信技术及网络工程的基本理论、专业知识与技能；熟悉网络工程构建、物联网建设和网络设备配置的方法；掌握物品（商品）的识别、感知、处理和信息传输关键技术；能够胜任物联网设计、开发、应用与管理工作；工程实践能力强，具有开拓创新意识和团队协作精神。

根据近年来物联网技术研究与应用的实践，以及社会对物联网工程专业人才的需求，可以归纳出物联网工程专业的核心要点，物联网工程专业的基本课程体系如图 3-8 所示。

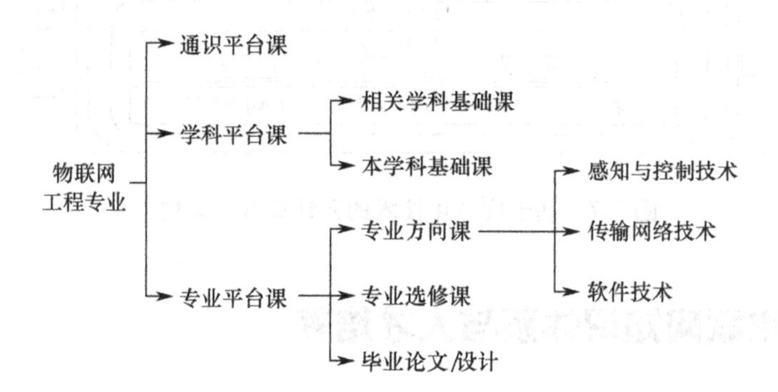

图 3-8　物联网工程专业的基本课程体系

物联网工程专业的专业方向课涉及感知与控制技术、传输网络技术和软件技术三个主要方向，对应的核心专业课程主要有传感器与测控技术、计算机网络、物联网概论、无线传感网络、RFID 技术、嵌入式系统技术、M2M 技术、单片机原理与技术、计算机组成原理、程序设计技术、数据结构、操作系统、GPS 原理及应用、工业信息化及现场总线技术、物联网通信技术、物联网软件/标准/中间件技术、物联网安全技术、数据库与数据挖掘、大数据技术、网络协议及网络互联、智能信息处理、CPS 原理与应用、云计算和软件工程等。

国家产业政策向以物联网技术产业为代表的战略性新兴技术领域倾斜，这对物联网产业的发展有重要的推动作用。同时，物联网工程涉及国民经济发展的多个领域，国内支柱产业及高技术产业对其需求的不断扩大会带动人才需求，社会对物联网技术人才的需求持续增加。在此背景下，培养具备物联网专业知识，能在该领域从事科学研究、技术开发和设备设计、生产及经营管理等工作的高级工程技术人才，以及能在物联网相关领域进行更高层次深造的后备人才是非常必要的。目前，物联网工程专业已有毕业生走向社会，在物联网技术研发与应用领域发挥着重要作用。

计算机类、电子信息类、自动控制类、人工智能类的技术人才是物联网企业迫切需要的，市场调研表明，随着物联网技术的不断成熟和应用领域的不断扩展，在未来若干年内，我国将出现数十万名物联网专业人才缺口。因此，迅速建立物联网人才培养体系、加快物联网人才培养步伐、实施物联网职业资格认证和开展职业培训已刻不容缓。

2010 年 7 月，教育部向社会公布了全国各高校本科新专业名单，其中设置物联网工程专业的高校有 30 所，这是国家教育部首次公布物联网及相关专业的设置和招生计划。2011 年，设有物联网专业的高校均正式招生，根据教育部公布的信息，截至 2020 年年底，全国本科院校有 1270 所，其中设置物联网工程专业的高校已达 460 余所，占比约为 36%。这表明，物联网技术正在持续不断地发展，应用领域迅速拓展，高水平的专业人才需求量持续增高。

在国家于 2019 年 4 月公布的 13 个新职业中，与物联网相关的新职业有 2 个——物联网工程技术人员和物联网安装调试员。从产业需求来看，物联网人才可分为研究型人才、工程应用型人才、技能型人才三大类。

1. 研究型人才

研究型人才主要指研究生层次或研究型高校培养的毕业生，是相关研究院及各类研究型企业、高新企业的研发部期望的高水平人才。这类人才应具有创新精神、创造能力和创业才能，具有开放意识、国际视野和国际交往能力，具有自主学习及获取信息的能力，具有较完备的与物联网相关的知识结构，能够比较好地胜任物联网政策研究、行业标准制定、咨询顾问、规划测评、技术研发等研究型和创新型工作。

2. 工程应用型人才

工程应用型人才主要指各类本科院校或信息类高职院校毕业生，是以系统设计、产品开发、工程项目策划与实施等业务为主的企业期望的人才。这类人才在具备必要的物联网基础理论知识的基础上，还要具备一定的工程应用能力，能够比较熟练地从事物联网系统设计、产品开发、物联网项目实施等工作。从近几年的情况来看，随着大量物联网应用系统的开发，物联网产业对系统实施与维护方面的应用型人才的需求不断扩大。

3. 技能型人才

技能型人才主要指各类高职院校或信息类中职学校毕业生，包括物联网业务运营管理人才、市场销售人才、业务应用人才、客户服务人才、系统安装调试人才、系统维护人才等，主要就职于物联网服务型企业或物联网应用系统使用单位，这类人才不仅要掌握物联网的基础知识、业务知识，还需要具备较强的综合能力，包括技术应用能力、沟通能力、动手能力等，并根据区域物联网产业情况，在工作中学以致用，为客户解决实际问题。

第4章 物联网相关技术

本章从物联网研究与应用部署的角度，论述与物联网密切相关的支撑技术，包括 RFID 技术、传感器与传感网、无线通信、5G 技术、嵌入式系统、云计算等。安全与隐私保护、技术标准是物联网应用的非功能性特征，没有技术标准，物联网是无法实现的，而没有安全与隐私保护措施的物联网是无法部署和应用的。

为了提供综合的智能信息服务，在部署物联网应用时，需要相关的技术支撑，相关内容不仅涉及技术层面的研究工作，也受政策或管理因素的影响。

4.1 RFID 技术

物联网的最前端是感知层。在物联网应用环境下，不仅要感知虚拟世界中的信息，还要感知现实世界中的信息。要想感知现实世界中的信息，就需要标志和识别物体。射频识别（Radio Frequency Identification，RFID）可以通过射频信号自动识别目标对象并获取相关信息，识别工作无须进行人工干预，可以应用在多种场景中。RFID 作为一种十分有效的感知手段，是物联网感知层的重要支撑技术。

4.1.1 基本原理

RFID 起源于第二次世界大战时期，主要应用于军事领域，用于识别敌对双方的军事装备。由于成本较高，在战争结束后，该技术未能在民用领域得到推广应用。直到 20 世纪 80 年代，随着芯片和电子技术普及，欧洲率先将 RFID 技术应用到公路收费等民用领域中。到 21 世纪初，RFID 技术迎来了一个崭新的发展时期，其在民用领域的价值开始受到世界各国的广泛关注，大量用于生产自动化、公路收费、停车场管理、身份识别、货物跟踪等民用领域，应用范围不断扩展。

RFID 的发展可划分为以下几个阶段。

（1）1940—1950 年，雷达的改进和应用催生了 RFID 技术，1948 年，RFID 技术的理论基础形成。

（2）1950—1960 年，该阶段为早期 RFID 技术的探索阶段，主要限于实验室实验研究。

（3）1960—1970 年，RFID 技术的理论得到了发展，有了一些应用尝试。

（4）1970—1980 年，RFID 技术与产品研发进入大发展时期，各种 RFID 技术测试得到加速，出现了一些早期的 RFID 应用。

（5）1980—1990 年，RFID 技术及产品进入商业应用阶段，各种较大规模的应用开始出现。

（6）1990—2000 年，标准化问题日益得到重视，RFID 产品得到广泛应用，逐渐成为人们生活中的一部分。

（7）2000 年至今，各类标准问世，RFID 产品种类更加丰富，有源电子标签、无源电子标签及半无源电子标签均得到发展，电子标签成本不断降低，规模应用不断扩大。

21 世纪初，RFID 开始在中国进行试探性应用，并很快得到政府的大力支持，2006 年 6 月，中华人民共和国科学技术部等 15 个部委发布了《中国射频标识 RFID 技术政策白皮书》。尽管 RFID 在中国的起步比较晚，但是随着物联网技术的发展与应用，RFID 各领域中的应用不断落地。

RFID 利用无线射频方式进行非接触式自动识别，极大地加速了信息的收集和处理，具有精度高、环境适应能力强、抗干扰、操作快捷等优点，与其他识别技术相比，RFID 具有更大的应用范围。

RFID 系统一般由标签（Tag）、阅读器（Reader）和天线（Antenna）三个部分组成。标签由耦合元件及芯片组成，每个标签具有唯一的 RFID 编码，附着在物体上以标志目标对象；阅读器是读取或写入标签信息的设备，可设计为手持式或固定式；天线在标签和阅读器之间传递射频信号。

根据载波频率的不同，RFID 标签可以分为低频标签、高频标签、超高频与微波标签。根据供电方式的不同，RFID 标签可以分为无源标签（Passive Tag）和有源标签（Active Tag）。有源标签指标签内有电池提供电

源，其作用距离较远，体积较大，成本较高，不适合在恶劣环境下工作；无源标签内无电池，它利用波束供电技术将接收到的射频能量转化为直流电源来为标签内的电路供电，作用距离比有源标签短，但寿命长，对工作环境的要求不高。

RFID 系统的工作原理：在无源标签进入磁场后，如果接收到阅读器通过天线发出的特殊射频信号，就能凭借感应电流获得的能量来发送存储在标签芯片中的产品信息；在有源标签进入磁场后，主动发送某一频率的信号给阅读器；在阅读器读取信息并解码后，通过标准接口与计算机网络进行通信，由后台计算机系统进行相关的数据处理。在实际应用中，标签附着在待识别物体的表面，其中存有约定格式的电子数据。RFID 工作原理示意如图 4-1 所示。

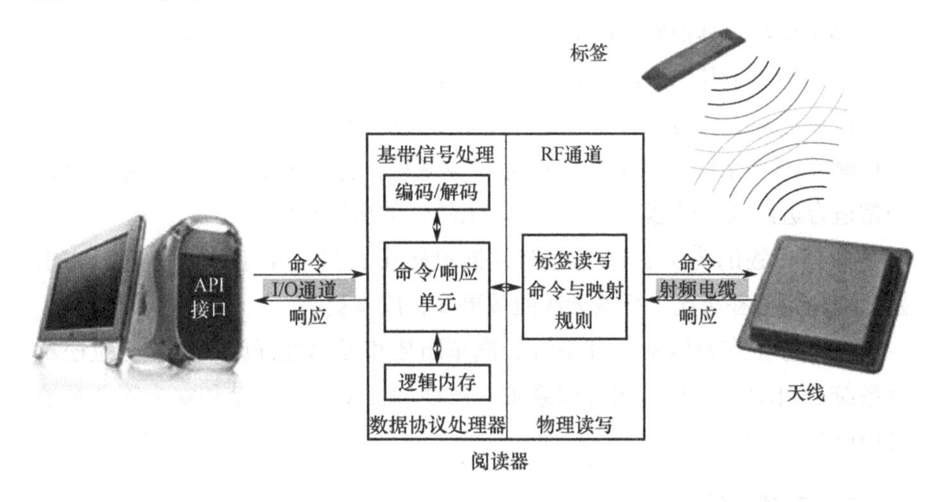

图 4-1 RFID 工作原理示意

4.1.2 标签

目前，在 RFID 应用领域中的标签主要有低频标签、高频标签、超高频与微波标签三种。

1. 低频标签

低频标签的工作频率为 30k ~ 300kHz，典型的工作频率有 125kHz 和 134.2kHz 两种，该频段的波长约为 2500m。低频标签一般为无源标签，其工作能量通过电感耦合方式从阅读器耦合线圈的辐射近场中获得。在与阅读器进行数据传送时，低频标签须位于阅读器天线辐射的近场区域内。低频标签的阅读距离在一般情况下小于 1m。

低频标签的主要特点如下。

（1）不考虑金属材料的影响，一般来说，低频电波能够穿过任意材料而且读取距离不受影响。

（2）工作在低频的阅读器在全球范围内没有任何特殊的许可限制。

（3）低频标签有不同的封装形式，优良的封装形式成本高，但是可有 10 年以上的使用寿命。

（4）虽然该频段的磁场强度下降很快，但能够产生相对均匀的读写区域。

（5）相对于其他频段的 RFID 产品，低频频段数据传输比较慢。

（6）相对于其他频段，感应器的成本较高。

低频标签的优势：标签芯片一般采用普通的 CMOS 工艺，成本较低；工作频率不受无线电频率约束；可以穿透水、有机组织和木材等障碍物；非常适合近距离、低速度和对数量要求较低的识别领域。

低频标签的劣势：标签存储数据量较少；只适用于低速和近距离识别；与高频标签相比，标签天线匝数更多，成本更高。

低频标签在畜牧业管理系统、汽车防盗和无钥匙开门系统、马拉松赛跑系统、自动收费和车辆管理系统、自动加油系统、门禁和安全管理系统等中已有广泛的应用。

2. 高频标签

高频标签的工作频率一般为 3M～30MHz，典型工作频率为 13.56MHz，该频段的波长约为 22m。高频标签一般采用无源标签，其工作能量通过电感（磁）耦合方式从阅读器耦合线圈的辐射近场中获得。在与阅读器进行数据交换时，高频标签必须位于阅读器天线辐射的近场区域内。高频标签的阅读距离在一般情况下小于 1m。

高频标签的主要特点如下。

（1）该频段的电波可以穿过大多数的材料，但读取距离往往会受到影响。

（2）该频段在全球范围内受到认可，并且对阅读器没有特殊限制。

（3）虽然该频段的磁场强度下降很快，但能够产生相对均匀的读写区域。

（4）具有防冲撞特性，可以同时读取多个高频标签。

（5）可以把某些特殊数据信息写入高频标签，数据传输速率比低频标签快。

高频标签的优势：与低频标签相比，高频标签有较高的通信速率和较长的工作距离。

高频标签的劣势：标签的阅读距离仍不够长，不超过 1m；天线尺寸较大；信号传输过程受金属材料的影响比较大。

高频标签已在图书管理、瓦斯钢瓶管理、服装生产线和物流系统管理、水电气表预收费管理、酒店门锁管理、大型会议人员通道管理、固定资产管理、医药物流系统管理等领域中有了广泛应用。

3. 超高频与微波标签

超高频与微波标签可简称为微波射频标签，其典型工作频率为 433MHz、860M～928MHz、2.45GHz 和 5.8GHz。

以目前技术水平来说，比较成功的无源微波射频标签产品集中在 902M～928MHz 工作频段上，2.45GHz 和 5.8GHz 产品主要以有源微波射频标签的形式面世。

微波射频标签的数据存储容量一般限定在 2KB 以内。从技术及应用的角度来说，微波射频标签并不适合作为大量数据的载体，它的主要功能是标志物品并完成无接触的识别过程。典型的数据存储容量指标有 1KB、128B、64B 等，由 Auto-ID Center 制定的产品电子代码 EPC 的容量为 96B。

无源微波射频标签的主要特点如下。

（1）在该频段内，全球的定义是不一致的，欧洲国家和部分亚洲国家定义的频率为 868MHz，北美定义的频段为 905M～920MHz，日本的建议频段为 950M～956MHz，该频段的波长约为 30cm。

（2）对于该频段的功率，美国定义为 4W，欧洲定义为 500mW。

（3）该频段的电波受材料的影响较大，特别是水、灰尘和雾等。

（4）天线一般是长条和标签状，有线性和圆极化两种设计，能够满足不同应用的需求。

（5）有好的读取距离，但很难对读取区域进行定义。

（6）有很高的数据传输速率，在很短的时间内可以读取大量的电子标签。

微波射频标签的优势：工作距离相对较长，天线尺寸较小，传输信道可绕开障碍物，无须视线接触，可定向识别，性价比较高。

微波射频标签的劣势：在各国采用的工作频段各不相同，统一标准比较难，易受多种材料的影响。

微波射频标签的主要应用领域有供应链上的管理和应用、生产线自动化的管理和应用、包裹邮寄的管理和应用、集装箱的管理和应用等。

4.1.3 阅读器

阅读器是捕捉初步处理的 RFID 标签数据的装置，有些阅读器也能将数据写到 RFID 标签中，因此阅读器也称为读写器。阅读器的主要任务是控制射频模块向标签发射读取信号，并接收标签的应答信号，对标签的对象标志信息进行解码，将对象标志信息和标签上的其他相关信息传输给主机以供后端处理。

根据应用模式的不同，有固定式阅读器、手持式阅读器、一体式阅读器和模块式阅读器等。阅读器可通过多种方式与标签相互传递信息。阅读器利用天线形成一个电磁场，标签从电磁场中接收能量，然后将信号发给阅读器，阅读器就可以获得标签携带的信息。

射频技术需要解决的一个重要问题是阅读器冲突，即一个阅读器接收到的信息和另一个阅读器接收到的信息产生重叠冲突。为了解决这个问题，需要有一种机制来控制阅读器在不同时间收发信号，这样就可以保证阅读器之间不相互干扰。但是可能会出现同一区域的标签被读两次的情况，因此还需要建立对应的防碰撞机制来避免重复读取的情况发生。

当阅读器的天线区域中有多个标签到达时，它们几乎同时发送信号，产生信道争用，信号互相干扰，也会发生“碰撞”。在高速移动等场合中，防碰撞机制的优劣在很大程度上决定了 RFID 过程耗时性能的优劣。

现有的防碰撞技术有频分多址接入（FDMA）、时分多址接入（TDMA）和码分多址接入（CDMA）。在 FDMA 中，各标签采用不同的载波频率向阅读器传递信号；在 TDMA 中，整个识别过程被分成若干个时隙，每个标签在不同的时隙中向阅读器传递信号；在 CDMA 中，各标签采用不同的调制码来对所发数据进行调制，从而在阅读器端利用码的自相关

特性对不同标签所发的数据进行解调，从而达到防碰撞的目的。

4.1.4 天线

天线用于在 RFID 标签和阅读器之间建立数据通信的通道，是实现射频信号空间传递的设备。天线的设计和位置对于 RFID 系统的覆盖范围、识读距离和操作通信的准确性有重要作用。一方面，在标签的芯片启动电路开始工作后，需要通过天线在阅读器产生的电磁场中获得足够的能量；另一方面，天线决定了标签与阅读器之间的通信信道和通信方式。

天线的结构、数量及安装方式应视具体应用情况而定。例如，对于手持式阅读器，天线直接安装在阅读器上；在其他一些情况下，可在远离阅读器的位置安装几根天线，从而提高射频信号的质量，扩大读写范围。

按照 RFID 标签芯片的供电方式，标签天线可以分为有源天线和无源天线两类。有源天线的性能要求较无源天线要低一些，但是其性能受电池寿命的影响很大；无源天线能够解决有源天线受电池限制的问题，但是对天线的性能要求很高。

按照 RFID 系统的工作频段，在低频和高频频段，RFID 系统采用磁场耦合式天线，即电磁能量的传送在感应场区域中完成；在超高频和微波频段，RFID 系统采用电磁后向散射式天线，即电磁能量的传送在远场区域中完成。由于两种机制的能量产生和传送方式不同，对应的标签天线等有不同的特殊性，可将标签天线分为近场感应线圈天线和远场辐射天线。感应耦合系统使用的是近场感应线圈天线，由多匝电感线圈组成，电感线圈和与其并联的电容构成并联谐振回路以耦合最大的射频能量；微波辐射系统使用的远场辐射天线主要是偶极子天线和缝隙天线，远场辐射天线通常是谐振式的，一般取半波长。

天线的形状和尺寸决定它能捕捉的频率范围等，频率越高，天线越灵敏，占用的面积也越少。在较高的工作频率下，可以使用较小尺寸的标签，与近场感应线圈天线相比，远场辐射天线的辐射效率较高。

4.1.5 RFID 应用与发展

RFID 技术最早的应用可以追溯到第二次世界大战中对敌我的飞机识别，近年来，随着大规模集成电路、网络通信和信息安全等技术的发展，RFID 技术显示出巨大的发展潜力与应用空间，被认为是 21 世纪最具发展前景的技术之一。

RFID 技术涉及信息、制造、材料等高科技领域，涵盖了无线通信、芯片设计与制造、天线设计与制造、标签封装、系统集成、信息安全等技术。

在国民经济结构调整、全社会运用信息技术提高经济运行效益和质量的形势下，RFID 技术将会逐渐渗透到社会经济生活的方方面面中，发挥越来越大的作用，发展前景广阔。在未来几年中，RFID 技术将继续保持高速发展的势头。电子标签、阅读器、系统集成、公共服务体系、标准化等方面都将取得新的进展。随着关键技术的不断进步，RFID 产品种类将越来越丰富，应用和衍生的增值服务也将越来越广泛。主要的技术趋势有：生物特征识别将成为 RFID 关键技术；产品电子码将成为物联网技术的主要呈现形式；RFID 数据处理能力将越来越强且对软件的需求越来越大；RFID 将更便捷、高效并向多功能演变；RFID 日益网络化并与其他产业加速融合；RFID 将变得更加安全、实用；RFID 个性化需求日益明显，行业定制化越发普遍；统一标准与国际接轨将是未来的工作重点。

4.2 传感器与传感网

在物联网的部署中，需要感知节点及时、准确地获取外界事物的各种信息，需要感知外部世界的各种电量和非电量数据，如电、热量、力、光、声音、位移等，这就必须合理地选择和运用各种传感器以获得对应的感知数据。传感器是目前世界各国普遍重视并大力发展的高新技术之一。在信息时代，在实现物物相连的今天，传感器技术已经成为物联网应用中必不可少的关键技术之一。

传感网是集信息采集、数据传输、信息处理于一体的综合智能信息系统，具有很广阔的应用前景，是目前非常活跃的一个研究领域。传感网技术涉及计算机、电子学、传感器技术、机械、生物学、航天、医疗卫生、农业、军事国防等众多领域，其广泛应用是一种必然的趋势，将会给人类社会带来极大的变革，影响我们工作与生活的方方面面。

4.2.1 传感器基本原理

传感器是指对被测对象的某一类确定的信息具有感受和检出功能，并按照一定规律转换成与之对应的有用信号的元件或装置，通常由敏感元件

和转换元件组成。传感器本质上是一种功能块，它的作用是将外界各种各样的信号转换成电信号，是实现测试和自动控制的首要环节。假如没有传感器对原始参数进行精确可靠的测量，那么无论是信号转换还是信息处理，或者最佳数据的显示和控制都是没有办法实现的。

传感器一般由敏感元件和转换元件两大部分组成，通常也将基本转换电路及辅助电路作为其组成部分。传感器的组成如图 4-2 所示。

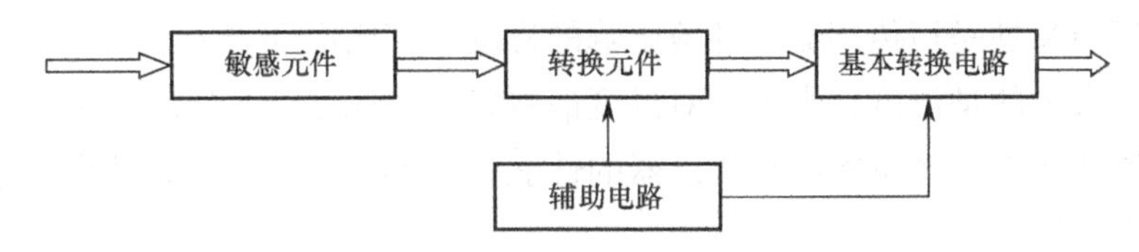

图 4-2　传感器的组成

传感器的基本特性可以分为静态特性和动态特性两类。传感器静态特性的基本要求为：当输入为 0 时，输出也为 0；输出相对于输入应保持一定的对应关系。与静态特性相关的主要因素有灵敏度与信噪比、线性度、时滞、环境特性、稳定性和精度等；与动态特性相关的因素主要有规律性和非规律性。

1. 静态特性

1）灵敏度与信噪比

在选用传感器时，首先要考虑的是灵敏度。如果达不到测量所需的灵敏度，则传感器不能采用。但灵敏度越高的传感器不一定是越好的传感器，这是因为它易受噪声（除了环境噪声，还有传感器本身输出的噪声）的影响。传感器输出信号中的信号分量与噪声分量的二次方平均值之比称为信噪比（S/N）。S/N 越小，信号与噪声就越难以分清，若 $S/N=1$，则完全无法分辨信号与噪声。一般来说，S/N 至少要大于 10。

2）线性度

线性度是指输入与输出为线性关系。然而，具有理想线性关系的传感器极少，实际使用的传感器，大都具备非线性关系，即使采用电子电路也不能使其完全线性化。此外，还有补偿电路、放大器、运算电路等引起的非线性问题。

3）时滞

传感器的时滞特性表示传感器在正向（输入量增大）和反向（输入量减小）行程间输出与输入特性曲线不一致的程度，通常用这两条曲线之间的最大差值（ΔMAX）与满量程输出（$F \cdot S$）的百分比表示，在实际应用中要尽量选用时滞小的传感器。

4）环境特性

环境特性是指传感器受环境影响的程度。在周围环境因素中，对传感器影响最大的是温度，半导体对温度最敏感，除此之外，气压、振动、电源电压及频率等都可能影响传感器的性能，在实际应用时需要综合考虑这些因素。

5）稳定性

稳定性是传感器的一个重要特性。理想的传感器是在加相同大小的输入量时，输出量的大小总是相同。但实际上，传感器特性随着时间的推移而变化，因此对于相同大小的输入量，其输出量是变化的。在传感器连续工作时，即使输入量恒定，输出量也会朝着一个方向偏移，这种现象称为温漂。需要注意的是，除传感器本身的温漂外，还存在传感器元件装置的温漂及电子电路的温漂等。

6）精度

精度是指评价系统优良程度的指标，分为准确度和精确度。所谓准确度是指测量值与真值的偏离程度，为修正偏差，需要进行校正，完全校正是不容易实现的；所谓精确度是指在测量相同对象时，每次测量都会得到不同测量值，即存在离散偏差。

2. 动态特性

由于传感器检测的输入信号是随时间变化的，传感器应能跟踪输入信号的变化，这样才可以获得准确的输出信号。这种现象反映响应特性，即传感器的动态特性。

在设计传感器时，要根据其动态特性与使用条件选择合理的方案并确定合适的参数；在使用传感器时，要根据其动态特性与使用条件确定合适的使用方法，同时对给定条件下的传感器动态误差做出估计。总体来说，传感器的动态特性主要取决于传感器本身，同时也与测量形式有关。在有规律的测量形式下，存在周期性的测量和非周期性的测量。周期性的测量

主要有正弦周期输入和复杂周期输入两种方式；非周期性的测量主要有阶跃输入、线性输入和其他瞬变输入三种方式。在随机的测量形式下，有平稳的测量过程和非平稳的随机过程，平稳的测量过程又分为多态历经过程和非多态历经过程两类。

在研究动态特性时，通常只能根据“规律性”的输入来考虑传感器的响应。复杂周期输入信号可被分解为各种谐波，所以可用正弦周期输入信号来代替；其他瞬变输入信号可用阶跃输入信号代替。因此，所谓的“标准输入”有三种，即正弦周期输入、阶跃输入和线性输入。

随着信息科学与微电子技术，特别是微型计算机和通信技术的快速发展，传统的传感器已经开始与微处理器、微型计算机相结合，形成了兼有信息检测及信息处理等多项功能的智能传感器。可以预见，随着技术的不断进步，更多种类和更高性能的传感器将层出不穷。传感器将逐步发展为能把各种外界信息或能量转换成电信号、甚至光信号或能量的元件。

4.2.2 传感器分类与工作方式

信息收集、计量测试、产品制造或销售中所需的计量等都需要通过测量来获得准确的定量数据。对于某种特定的要求，需要检测目标物的存在状态，把某状态信息转换为数据。在对系统或装置的运行状态进行监测时，如果发现异常情况，需要发出警告信号并启动电路保护机制，从而使系统或装置正常运行并确保安全。传感器可以提供感知或控制信息的采集功能，检测控制系统处于某种状态的信息，并由此控制系统的状态或跟踪系统变化的目标值。

传感器种类繁多，涉及的原理也多种多样。可以根据工作原理、被测量、能量关系、作用形式、输出信号形式、传感器的特殊性等进行分类。

1. 按工作原理分类

传感器按照其工作原理一般可分为物理型传感器、化学型传感器和生物型传感器三大类。

1）物理型传感器

物理型传感器是利用敏感元件的物理性质或某些功能材料的特殊物理性能制成的传感器，如利用金属材料在被测量时引起电阻值变化的应变效应制成的应变式传感器、利用半导体材料在被测量时引起电阻值变化的压阻效应制成的压阻式传感器、利用电容器在被测量时引起电容值变化的特性制成的电容式传感器、利用压电材料在被测量时产生的压电效应制成的压电式传感器等。

物理型传感器的作用是利用某些功能材料本身所具备的特性及效应感受被测量，并转换成可用的电信号。例如，利用具有压电特性的石英晶体材料制成的压电式压力传感器，就是利用石英晶体材料本身具有的正压电效应来实现对压力的测量。

2）化学型传感器

化学型传感器是利用电化学反应原理，将无机或有机化学物质的成分、浓度等转换为电信号的传感器。最常用的是离子敏感传感器，即利用离子选择性电极来测量溶液的 pH 值或某些离子的活度。电极的测量对象不同，但其测量原理基本一致，主要是利用电极界面（固相）和被测溶液（液相）之间的电化学反应。产生的电位差和被测离子活度的对数呈线性关系，故检测出其反应过程中的电位差或受其影响的电流值，即可给出被测离子的活度。

化学型传感器的核心是离子选择性敏感膜，该膜可以分为固体膜和液体膜。玻璃膜、单晶膜和多晶膜属于固体膜，带正、负电荷的载体膜和中性载体膜则为液体膜。化学型传感器广泛用于化学分析、化工在线检测及环保检测等应用场景。

3）生物型传感器

生物型传感器是近年来发展很快的一类传感器，利用生物活性物质的选择性来识别和测定生物化学物质。生物活性物质对某种物质具有选择性亲和力，也称为功能识别能力，可利用这种单一的功能识别能力来判定某种物质是否存在、浓度是多少，进而利用电化学的方法进行电信号转换。

生物型传感器主要由两大部分组成。一是功能识别物质，其作用是对被测物质进行特定识别，功能识别物有酶、抗原、抗体、微生物及细胞等。用特殊方法把功能识别物固化在特制的有机膜上，可形成具有特定识别功能的功能膜。二是电、光信号转换装置，这些装置的作用是把在功能膜上进行的化学反应结果转换成便于传输的电信号或光信号。最常应用的是电极，如氧电极和过氧化氢电极。

将功能膜固定在场效应晶体管上代替栅—漏极的生物型传感器，可使传感器的体积变得非常小。如果采用光学方法来识别功能膜上的反应，则

要靠光强的变化来测量被测物质，如使用荧光生物传感器等。变换装置的特性直接关系传感器的灵敏度及线性度。生物型传感器的最大特点是能在分子水平上识别被测物质，不仅在化学工业的监测方面，而且在医学诊断、环保监测等方面都有广泛的应用前景。

2. 按被测量分类

按传感器的被测量（输入信号）分类，可以很方便地表示传感器的功能，也便于用户使用。按照这种分类方法，传感器可以分为温度传感器、压力传感器、流量传感器、物位传感器、加速度传感器、速度传感器、位移传感器、转速传感器、力矩传感器、湿度传感器、黏度传感器、浓度传感器等。

事实上，根据制作材料或制作方式的不同，可以有更加细致的分类。例如，温度传感器包括用不同材料和方法制成的各种传感器，如热电偶温度传感器、热敏电阻温度传感器、金属热电阻传感器、PN 结二极管温度传感器、红外温度传感器。

3. 按能量关系分类

传感器可根据能量关系分为能量转换型传感器和能量控制型传感器。

1）能量转换型传感器

能量转换型传感器直接由被测对象的输入能量驱动工作，如热电偶、光电池等，这种类型的传感器又称为有源传感器。

2）能量控制型传感器

能量控制型传感器从外部获取能量，根据被测对象的变化控制外部供给能量的变化，如电阻式传感器、电感式传感器等。这种类型的传感器必须由外部提供激励源（电源等），因此又称为无源传感器。

4. 按作用形式分类

传感器可根据作用形式分为主动型传感器和被动型传感器。

1）主动型传感器

主动型传感器又可分为作用型传感器和反作用型传感器。这类传感器能针对被测对象提供一定的探测信号，检测探测信号在被测对象中发生的变化，或者检测探测信号在被测对象中发生某种效应而形成的新信号，对应的传感器称为作用型传感器和反作用型传感器。雷达与无线电频率范围探测器是作用型传感器，而光声效应分析装置与激光分析器是反作用型传感器。

2）被动型传感器

被动型传感器只接收被测对象本身产生的信号，如红外辐射温度计、红外摄像装置等。

5. 按输出信号形式分类

传感器可按输出信号形式分为模拟信号传感器和数字信号传感器。

1）模拟信号传感器

模拟信号传感器输出连续的模拟信号。输出周期性信号的传感器实际上也是模拟信号传感器，但周期信号容易变为脉冲信号，可作为准数字信号使用，因此可以称为准数字信号传感器。

2）数字信号传感器

数字信号传感器输出 1 和 0 两种信号。两种信号可由电路的通断、信号的有无、绝对值的大小、极性的正负等确定。

6. 按传感器的特殊性分类

在实际应用中，也有按照传感器自身的特殊性来进行分类的，主要可分为以下几种类型。

（1）按转换现象的范围可以分为电化学传感器、电磁传感器、力学传感器、光应用传感器等。

（2）按材料可分为陶瓷传感器、有机高分子材料传感器、半导体传感器、气体传感器等。

（3）按用途可分为工业用传感器、民用传感器、科研用传感器、医疗用传感器、农用传感器、军用传感器等，还有汽车传感器、宇宙飞船传感器、防灾传感器等。

（4）按功能可分为计测传感器、监视传感器、检查传感器、诊断传感器、控制传感器、分析传感器等。

4.2.3 传感器应用与发展

随着各类科学技术的发展，传感器的需求量与日俱增，其应用已渗入

国民经济的各部门及人们的日常生活之中。可以说，从太空到海洋、从各种复杂的工程系统到人们日常的衣食住行，方方面面都离不开各种各样的传感器，传感技术对国民经济的发展有着日益增强的支撑作用。

1．传感器在工业自动化中的应用

传感器在工业自动化生产中具有极其重要的地位。在石油、化工、电力、钢铁、机械等加工工业中，传感器相当于人类的感觉器官，时刻按需要完成对各种信息的检测，再把大量的感知信息传输给自动控制中心。在自动控制系统中，计算机与传感器的有机结合在实现控制的高度自动化方面发挥关键作用。

2．传感器在汽车监控中的应用

目前，传感器在汽车上的应用已不仅局限于对行驶速度、行驶距离、发动机旋转速度及燃料剩余量等的测量，在汽车安全气囊系统、防盗装置、防滑控制系统、防抱死装置、电子变速控制装置、排气循环装置、电子燃料喷射装置及汽车“黑匣子”等系统和装置中都有实际应用。可以预见，随着汽车电子技术和汽车安全技术的发展，传感器在汽车领域的应用将更加广泛。

3．传感器在家用电器中的应用

居家生活电子化是人们对生活环境的期望，随着生活水平的不断提高，人们对改进和提高家用电器产品的功能及自动化程度的需求愈发强烈。为满足这些需求，可先使用能检测模拟量的高精度传感器以获取准确的控制信息，再由微型计算机进行控制，使电器的使用更加方便、安全、可靠，同时减少能源消耗，为更多的家庭创造舒适、一体化的生活环境。

传感器已在现代家用电器中广泛应用，如电子炉灶、电饭锅、吸尘器、空调、电子热水器、热风取暖器、风干器、报警器、电熨斗、电风扇、游戏机、电子驱蚊器、洗衣机、洗碗机、冰箱等很多电器中都装有传感器。未来智慧家居将由作为中央控制装置的微型计算机通过各种传感器来代替人监控家居环境的各种状态，并通过相关执行设备进行各种控制。智慧家居的内容主要包括安全监视与报警、空调及照明控制、耗能控制、太阳光自动跟踪、家务劳动自动化及健康监测等。

4. 传感器在机器人中的应用

目前，在部分劳动强度大或需要进行危险作业的场所中，已逐步使用机器人替代人来工作。一些高速度、高精度的工作由机器人来承担也是非常合适的。这些机器人基本都安装了用于检测机械臂位置和角度的传感器。

为了使机器人和人的功能更为接近，以便能从事更加智能化的工作，要求机器人有自己的判断能力，这就需要给机器人安装相关的传感器，特别是视觉传感器和触觉传感器，使机器人能通过模拟的视觉系统对物体进行识别和检测，并通过模拟的触觉系统产生压觉、滑动感觉和重量感觉等。具备这类能力的机器人可以称为智能机器人，其不仅可以从事一般性的生产工作，还可以完成特殊作业。

5. 传感器在航空航天中的应用

飞行器上布设着各种各样的传感器，通过传感器可实时感知发动机自动控制的状态数据，实时监测导航数据等敏感信息。

为了解飞机或火箭的飞行轨迹并把它们控制在预定的轨道上，就要使用传感器进行速度、加速度和飞行距离的测量。而要对飞行器周围环境、飞行器本身状态及内部设备状态进行监测，也要使用传感器。

6. 传感器在遥感技术中的应用

简单来说，遥感技术就是在飞机、人造卫星、宇宙飞船及船舶上，对远距离、广区域的被测物体及其状态进行大规模探测的技术。在飞行器上安装的传感器是近紫外线传感器、可见光传感器、远红外线传感器及微波传感器等，可实现空对地的远程测量；在船舶上向水下观测时，多采用超声波传感器来进行数据采集。

4.2.4 传感网基本原理

传感网（Sensor Networks，SN）是指将各种信息传感设备（如 RFID 装置、红外感应器、全球定位系统、激光扫描器等）与互联网结合起来而形成的巨大网络，其目的是让各类物品都能被远程感知和控制，并与现有的网络连接在一起，形成一个更加“智慧”的信息服务体系。传感网综合应用了传感器技术、嵌入式计算技术、网络通信技术、分布式信息处理技

术等，能够通过各类集成化的微型传感器实时感知各种环境或检测对象的信息，利用嵌入式系统对信息进行处理，并通过随机自组织无线通信网络以多跳中继方式将感知信息传送给用户终端，真正贯彻了泛在计算（Ubiquitous Computing）的理念。

值得注意的是，由于传感器往往遍布在一个区域内，这个区域有时是人们不可达的，因此传感器的末端接入通常采用无线通信方式。目前在传感器领域中，人们重点研究的是无线传感网（Wireless Sensor Networks，WSN）。也可以说，无线传感网是由称为“微尘”（Mote）的微型计算机构成的，这些微型计算机通常指带有无线链路的微型独立节能型计算机。无线链路使各微型计算机可以通过自我重组形成网络，彼此通信并交换有关现实世界的信息。

1. WSN 基本架构

WSN 与普通的 Ad Hoc 网络有本质的不同之处。WSN 以收集和处理信息为目的，Ad Hoc 网络以通信为目的。WSN 集成了传感器技术、嵌入式计算技术和无线通信技术，能感知和测控各种环境下的对象，通过对感知信息的分布式数据处理获得感知对象的准确信息，然后通过网络传送给需要这些信息的“观察者”。协同感知、采集、传递、处理与发布信息是 WSN 的基本功能。

WSN 一般包含传感器、感知对象和观察者三个基本要素。在通常情况下，WSN 基本架构如图 4-3 所示。

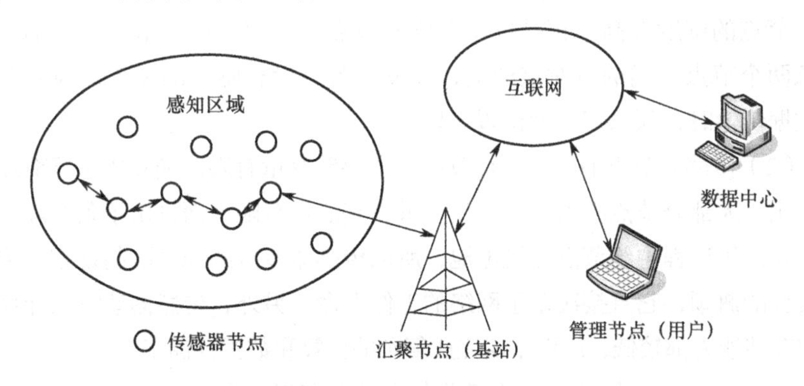

图 4-3　WSN 基本架构

大量传感器节点（硬件基本组成见图 4-4）散布在感知区域内部（或附

近），这些节点可以采集数据并利用自组织多跳路由的无线方式构成网络，把数据传送给汇聚节点（基站）；同时汇聚节点也可以将数据信息发送给各传感器节点。汇聚节点直接与互联网（或卫星通信网络）以无线方式相连，实现与管理节点（用户）的相互通信。管理节点对 WSN 进行配置和管理，发布测控任务并收集监测数据。数据中心完成数据的存储及管理。从物联网应用的角度考虑，在传感网中实现上行的数据采集和下行的指令发送都是必要的，感知数据是手段，实施控制是目的。

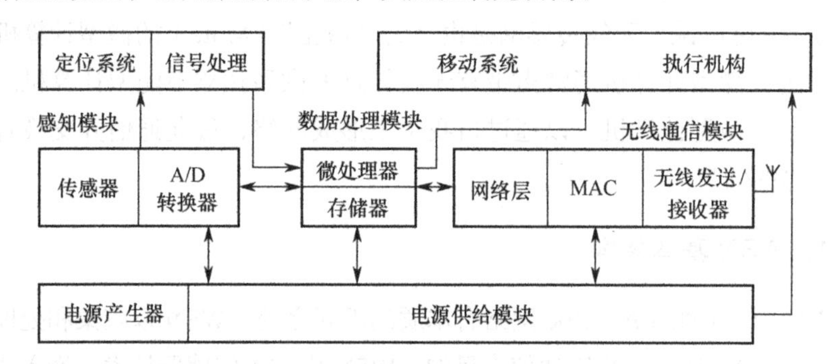

图 4-4　传感器节点硬件基本组成

2. WSN 主要特点

WSN 作为一种新型的智能网络系统，具有极广阔的应用前景。与传统网络相比，WSN 具有许多显著的特点。

（1）为了保证网络的可用性和生存能力，WSN 可能有成千上万个节点，节点的密度很高。正是由于传感器节点多，而且在网络中一般不支持任意两个节点之间的点对点通信，以及各节点设有唯一的标志，因而在进行数据传输时，须采用空间位置寻址方式。

（2）传感器节点的能量、计算能力和存储容量有限。随着传感器节点的微型化，大部分节点的能量靠电池提供，其能量有限，而且由于条件限制，难以在使用过程中给节点更换电池，所以传感器节点的能量限制是整个传感器设计的瓶颈，它直接决定了网络的工作寿命。另外，传感器节点的计算能力和存储能力都较低，因而不能完成复杂的计算和数据存储工作。

（3）由于节能的需要，传感器节点可以在工作和休眠状态之间切换。传感器节点随时可能由于各种原因而失效，或者有新的传感器节点添加到网络中，这些情况都使得 WSN 的拓扑结构在使用过程中很容易发生变化。

此外，如果节点具备移动能力，也会导致拓扑结构的不断变化。因此，由于拓扑结构易发生变化，WSN 必须具备自组织和自配置能力，能够针对拓扑结构的变化做出相应的反应，保证网络的正常工作。

（4）WSN 具有自动管理功能和高度的协作性。在 WSN 中，数据处理由节点完成，这样做的目的是减少在无线链路中传送的数据量，只有与其他节点相关的信息才在链路中传送。以数据为中心的特性是 WSN 的特点之一。由于节点不是预先计划的，而且节点位置也不是预先确定的，因此会有一些节点由于发生较多错误或不能执行指定任务而中止运行。为了在网络中监测目标对象，配置冗余节点是必要的，节点之间可以通信和协作、共享数据，这样可以保证获得比较全面的数据。对用户来说，向所有位于观测区内的传感器发送一个数据请求，然后将采集的数据送到指定节点处理，可以通过用一个多播路由协议把消息送到相关节点的方式实现，这需要一个唯一的地址表。用户不需要知道每个传感器的具体身份号，所以可以用以数据为中心的组网方式来实现。

（5）传感器节点具有数据融合能力。在 WSN 中，由于传感器节点多，很多节点会采集到类型相同的数据。因此，通常要求其中的一些节点具有数据融合能力，即能够对来自多个传感器节点的数据进行融合并将融合数据传送给信息处理中心。数据融合可以减少冗余数据，从而减少数据传送过程中的能量消耗，延长网络寿命。

（6）在互联网中，网络设备用唯一的 IP 地址标志，资源定位和信息传输依赖终端、路由器、服务器等网络设备的 IP 地址。如果想访问互联网中的资源，首先要知道存放资源的服务器 IP 地址。可以说，目前的互联网是一个以地址为中心的网络。由于传感器节点是随机部署的，在 WSN 中，节点位置和节点编号之间的关系是完全动态的，即节点编号与节点位置没有必然的联系。用户在使用 WSN 查询事件时，直接将关心的事件通告网络，而不是通告给某个有确定编号的节点，网络在获得指定事件的信息后汇报给用户。这种以数据本身为查询或传输线索的思想更接近自然语言交流习惯，所以可以说 WSN 是一个以数据为中心的网络。

（7）WSN 中存在诸多安全威胁。由于传感网节点本身的能力（如计算能力、存储能力、通信能力和电量供应能力等）有一定的限制，并且节点通常部署在无人值守的野外区域内，通过不安全的无线链路进行数据传输，因此 WSN 很容易受到多种类型的攻击，如选择性转发攻击、采集点漏洞攻击、伪造身份攻击、虫洞攻击、Hello 消息广播攻击、黑洞攻击、伪造确认消息攻击及伪造、篡改和重放路由攻击等。WSN 中的安全问题和解决方案与传统网络相比有其自身的特殊性。

4.2.5 传感网相关技术

信息的获取、存储、处理、传输和利用已经逐步深入社会生活的方方面面。个人计算机、计算机网络的普及使异构数据的海量存储、高速传输和融合处理成为可能，但信息的感知获取尚未达到全面自动化和智能化的水平。WSN 作为物联网感知层的重要技术手段，其关键技术的研究对物联网应用的广泛部署有着十分重要的作用。WSN 的相关技术涉及感知、传输和应用三个技术层面。

1. 感知技术

在 WSN 的三个技术层面中，感知技术是前提，负责信源的获取。目前针对模拟信号检测技术，已有许多传感器可以选用，如温度传感器、湿度传感器、气敏传感器、光敏传感器、红外传感器、压电传感器、振动传感器、电磁传感器等。

二维条形码也是一种主要的信源获取技术，它比一维条形码有更多优点。

（1）高密度编码，信息容量大，可容纳多达 1850 个大写字母/2710 个数字/1108 个字节/500 多个汉字，信息容量比一维条形码高约几十倍。

（2）编码范围广，可以对图片、声音、文字、签字、指纹等可以数字化的信息进行编码并用条形码表示，既可以表示多种语言文字，也可表示图像数据。

（3）容错能力强，具有纠错功能，在二维条形码因穿孔、污损等而局部损坏时，依旧可以正确识读，即使损坏面积达 50%，仍可恢复信息。

RFID 技术是常用的信源获取技术。RFID 比二维条形码优越的地方在于其可以读取更大范围内的数据。一般来说，二维条形码的阅读器必须贴近标签才能读取数据，而 RFID 可在较远的地方读取数据，有源 RFID 的读取距离可达 100m。但 RFID 的成本比二维条形码的成本高。

RFID 的主要优势如下。

（1）RFID 可以识别多类物体，而条形码只能识别一类物体。

（2）RFID 采用无线电射频，可以穿透外部材料读取数据，而在使用条形码时，必须将光源直接照射在条形码上才能读取信息。

（3）RFID 可以同时对多个物体进行识读，而条形码只能逐个读取；另外，RFID 存储的信息量也比较大。

2. 传输技术

传输网是实现异地感知的基础。目前的通信网络基本能满足现阶段的数据传输需求，但随着 WSN 的广泛应用，需要传输的数据量将迅速增加，对通信承载能力的要求也会更高。骨干网的承载能力可通过增加光纤容量和扩充带宽来解决，用户固定接入可通过互联网来解决。对移动用户来说，如果用户要求在任意时间、任意地点获取检测点的数据，就需要新增大量移动通信用户信道。同时，在传输过程中，需要解决可靠性、安全性及服务质量等非功能性问题。

3. 应用技术

针对不同的行业应用，需要建立相应的应用系统，这需要进行大量专业软件的编写与设计。这些软件的功能是通过服务的方式呈现的，因此软件设计技术将直接影响 WSN 的实际效用。由于 WSN 自身的特殊性，在信息处理方面需要考虑感知信息类别的多样性、感知信息变化的复杂性、感知信息融合的层次性及感知信息处理的协同性。信息融合在信息系统设计中具有至关重要的作用，是一个多层次、多方面的处理过程，包括对多源数据进行检测、相关、组合和估计，能够提高状态和身份估计的精度。

4.2.6　传感网体系结构

网络的协议体系结构是对网络及其部件应完成功能的定义和描述。对 WSN 而言，其协议体系结构不同于传统的计算机网络和通信网络，WSN 协议体系结构如图 4-5 所示。

该协议体系结构由网络通信协议模块、传感网管理模块和应用支撑服务模块三个部分组成。分层的网络通信协议模块类似 TCP/IP 协议体系结构；传感网管理模块主要包括对传感器节点的管理及用户对传感网的管理；应用支撑服务模块在以上两个模块的基础上，为 WSN 提供应用支撑。

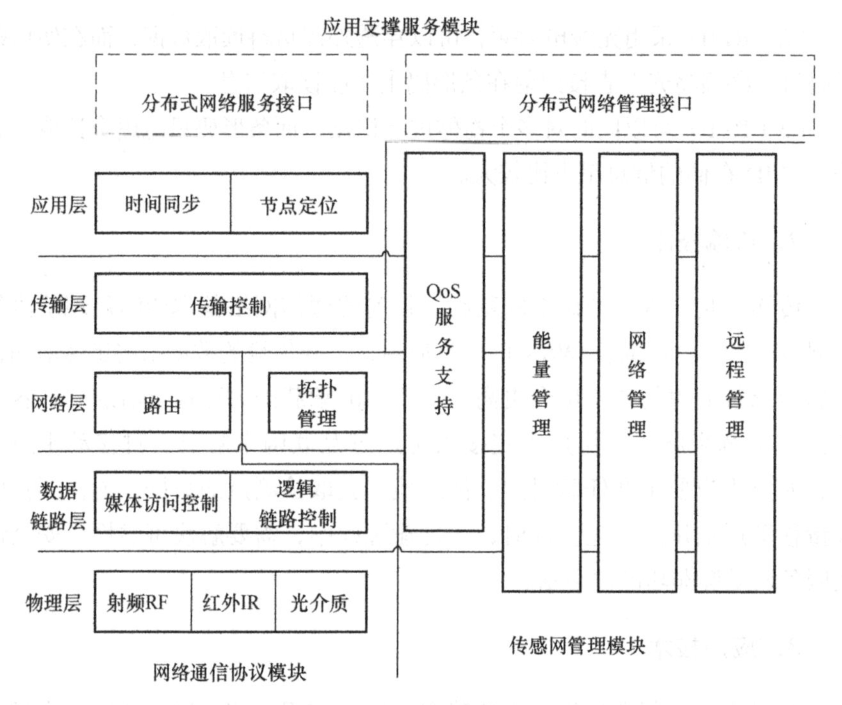

图 4-5　WSN 协议体系结构

1. 网络通信协议模块

网络通信协议模块由物理层、数据链路层、网络层、传输层和应用层组成。

1）物理层

物理层解决简单而健壮的调制、发送、接收等技术问题，包括新到信息的区分和选择，无线信号的监测、调制/解调，信号的发送与接收。该层直接影响电路的复杂度和能耗，主要任务是以相对较低的成本，解决无线传输媒体的传输损伤问题，组建具有较大链路容量的传感器节点网络。

WSN 采用的传输媒体主要有无线电、红外线、光波等，其中，无线电是主流传输媒体。物理层还涉及频段的选择、节能的编码、调制算法的设计、天线的选择、功率的控制等。在频段选择方面，ISM 频段凭借无须注册、具有大范围可选频段、没有特定标准等优点，被广泛采用。

目前，在物理层的研究方面，还有很多问题有待解决，如简单低耗能的超带宽调制机制的设计问题、低能耗和低成本的无线电收发器的硬件设计问题等。

2）数据链路层

数据链路层负责数据帧检测、媒体访问和差错控制等，主要任务是加强物理层的传输功能，使之成为无差错链路。该层又可细分为媒体访问控制（MAC）子层和逻辑链路控制（LLC）子层。其中 MAC 子层规定了不同的用户如何共享可用的信道资源，即控制节点可公平、有效地访问无线信道；LLC 子层负责向网络提供统一的服务接口，采用不同的 MAC 方法屏蔽底层，具体包括数据流复用、数据帧检测、分组转发/确认、优先级排队、差错控制和流量控制等。

数据链路层的内容主要集中在 MAC 协议方面。WSN 的 MAC 协议旨在为资源（特别是能量）受限的大量传感器节点建立具有自组织能力的多跳通信链路，实现公平有效的通信资源共享，处理数据包之间的碰撞，其重点是节省能量。目前，比较典型的 MAC 协议有基于随机竞争的 MAC 协议、基于时分复用的 MAC 协议和基于 CDMA 方式的信道分配协议等。

3）网络层

网络层主要负责路由的生成和选择，包括网络互联、拥塞控制等。网络层有多种路由协议，如基于平面结构的路由协议、基于地理位置的路由协议、分级结构路由协议等。

（1）在基于平面结构的路由协议中，泛洪是一种适用于 WSN 的最简单、最直接的路由算法，接收到消息的节点以广播形式转发分组，无须建立和维护网络拓扑结构。但这种算法存在重叠（Overlap）、闭塞（Implosion）及盲目使用资源等问题。为了解决这些问题，人们提出了一些改进协议，如以数据为中心的自适应路由协议（SPIN）、定向扩散协议等。

（2）在基于地理位置的路由协议中，假定每个节点都知道自己的地理位置及目标节点的地理位置。

（3）在分级结构路由协议中，比较典型的协议是由麻省理工学院（MIT）学者 Heinzelman 等人设计的分簇的低功耗自适应集群构架（LEACH）协议，该协议包括周期性的簇建立阶段和稳定的数据通信阶段。LEACH 协议的特点是分层和数据融合，其中分层有利于增强网络的扩展性，数据融合则能够有效减少网络中的通信量。

4）传输层

传输层负责数据流的传输控制，帮助维护传感网应用所需的数据流，提供可靠且开销合理的数据传输服务。

5）应用层

应用层基于检测任务，主要解决节点定位、时间同步、安全和数据管理等问题，具备节点部署、动态管理、信息处理等功能。在实际应用中，需要面向具体应用需求开发和使用不同的应用层软件。

2. 传感网管理模块

传感网管理模块主要包括能量管理、QoS 服务支持、网络管理和远程管理等。

1）能量管理

在 WSN 中，能量是最宝贵的资源。为了使节点的使用时间尽可能长，必须合理、有效地利用能量。例如，传感器节点在接收到相邻节点的一条消息后，可以关闭接收机，这样可以避免接收重复的消息。当一个传感器节点的剩余能量较少时，可以向其相邻的节点广播，通知它们自己剩余能量较少，不能参与路由，而将剩余能量用于感知任务。

2）QoS 服务支持

QoS 服务支持是网络与用户之间、网络上相互通信的用户之间关于数据传输与共享的质量约定。为满足用户需求，WSN 必须能够为用户提供足够的资源，实现用户可以接受的性能指标。

3）网络管理

网络管理是指对网络上的设备及传输系统进行有效的监视、控制、诊断和测试。网络管理包括故障管理、计费管理、配置管理、性能管理和安全管理等方面的内容。

4）远程管理

对于某些人类不容易到达的特殊环境，为了对 WSN 进行管理，必须采用远程管理机制。通过远程管理，可以修正系统的缺陷、监控环境的变化、升级系统或关闭子系统等，保证 WSN 正常运行。

3. 应用支撑服务模块

应用支撑服务模块为用户提供各种具体的应用服务，涉及的相关内容包括时钟同步、节点定位等。

1）时钟同步

在 WSN 中，每个节点都有自己的时钟。由于存在节点晶体振荡器的频率误差及环境干扰，即使在某个时刻所有节点都达到了时钟同步，此后也会逐渐出现偏差。WSN 的通信协议和应用要求各节点间的时钟必须保持同步。多个传感器节点互相配合，节点在休眠时也要求保持时钟同步。

2）节点定位

位置信息对于面向 WSN 的应用至关重要，没有位置信息的数据几乎毫无意义。节点定位是指确定 WSN 中每个节点的相对位置，在军事侦察、环境监测、紧急救援等应用中尤为重要。

目前常用的传感器节点定位方法有两大类，一种是基于距离测量的定位方法，另一种是与测量距离无关的定位方法。基于距离测量的定位方法首先使用测距技术来测量相邻节点间的实际距离或方位，然后使用三角计算、三边计算、多边计算、模式识别、极大似然估计等方法进行定位；与测量距离无关的定位方法主要有 APIT 算法、质心算法、DV-Hop 算法、Amorphous 算法等。

4.2.7　传感网拓扑结构

拓扑结构对传感网通信协议设计的复杂度和性能有很大影响，下面对不同的结构进行讨论。

1. 平面网络结构

平面网络结构是传感网中最简单的一种拓扑结构，如图 4-6 所示，所有节点具有完全已知的功能特性，也就是说，每个节点均包含相同的 MAC 协议、路由协议、管理协议和安全协议等。平面网络结构简单、易维护，并且具有较好的健壮性。由于没有中心管理节点，故基于自组织协同算法形成网络，其组网算法比较复杂。

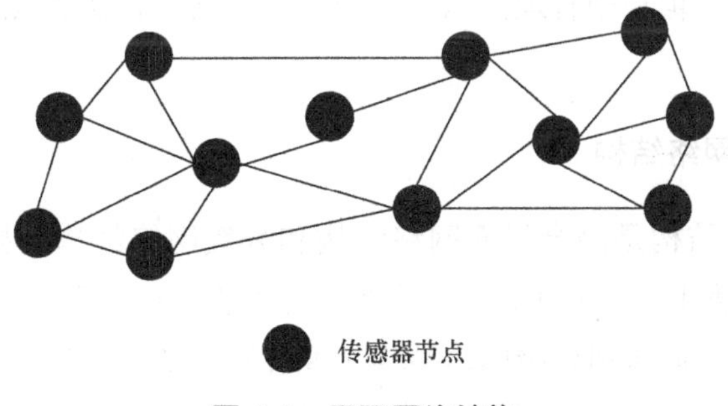

图 4-6　平面网络结构

2. 分级网络结构

分级网络结构（层次网络结构）如图 4-7 所示。

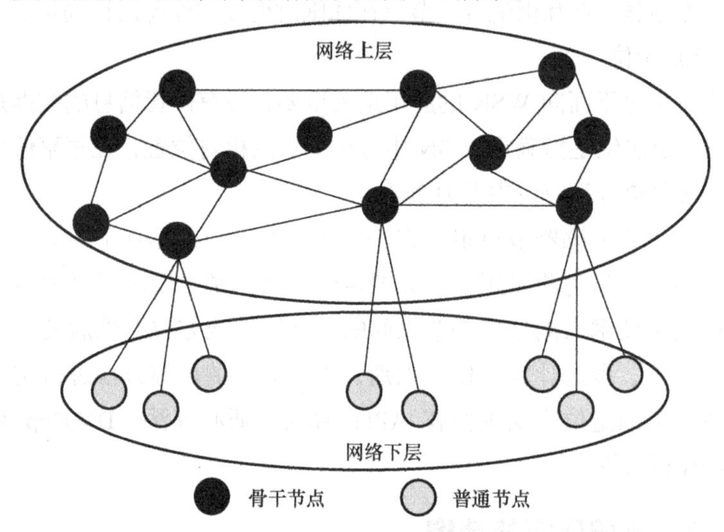

图 4-7　分级网络结构（层次网络结构）

分级网络结构是平面网络结构的一种扩展，分为网络上层和网络下层两个部分，上层由骨干节点构成，下层由普通节点构成。

通常来说，网络中可能存在一个或多个骨干节点，骨干节点之间采用的是平面网络结构，骨干节点和普通节点有不同的功能特性，每个骨干节点均包含相同的 MAC 协议、路由协议、管理协议和安全协议等，而普通节点则不一定。这种分级网络通常以簇的形式存在，按功能分为簇首和成员节点，簇首为具有汇聚功能的骨干节点，成员节点为普通节点。分级网络结构扩展性能好、便于集中管理、可以降低系统建设成本、提高网络覆盖率和可靠性，但集中管理开销大、硬件成本高，普通节点之间无法直接通信。

3. 混合网络结构

混合网络结构是融合平面网络结构和分级网络结构的拓扑结构，如图 4-8 所示。骨干节点之间、普通节点之间都采用平面网络结构，而骨干节点和普通节点之间采用分级网络结构。混合网络结构与分级网络结构的不同之处在于，普通节点之间可以直接通信，不需要通过汇聚节点转发数据。另外，混合网络结构支持的功能更多，但硬件成本也更高。

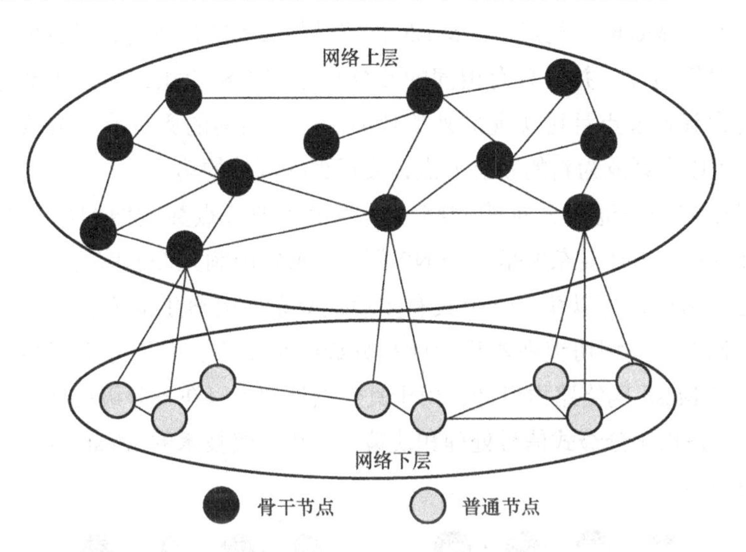

图 4-8　混合网络结构

4．Mesh 网络结构

Mesh 网络结构是一种新型的拓扑结构，与传统的拓扑结构在结构和技术上都有所不同。从结构来看，Mesh 网络不同于完全连通的网络，通常只允许节点和最近的邻居节点通信，网络内部的节点一般都是相同的，因此 Mesh 网络也称为对等网。Mesh 网络结构是一种构成大规模 WSN 的合理结构，但 Mesh 网络在实际部署中容易受环境的干扰，在恶劣天气的条件下，较难保证传输质量。

完全连通的网络结构如图 4-9 所示，Mesh 网络结构如图 4-10 所示。

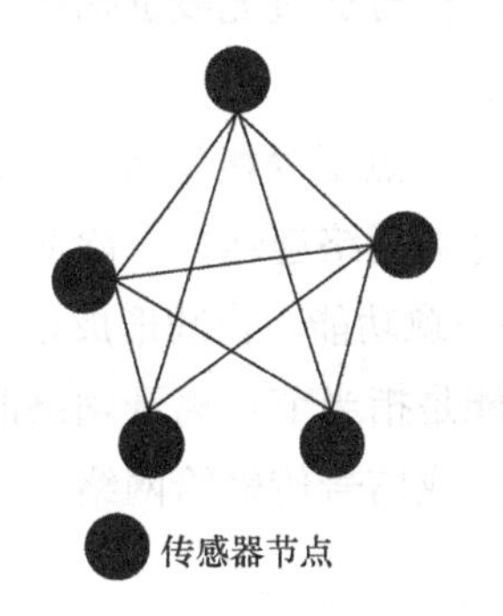

图 4-9　完全连通的网络结构

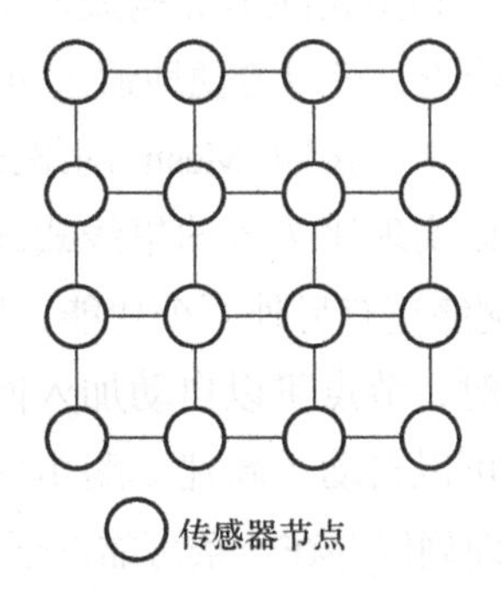

图 4-10　Mesh 网络结构

尽管图 4-10 反映的是规则的拓扑结构，但节点实际的地理分布不必是完全规则的 Mesh 结构形态。Mesh 网络结构最大的优点是，尽管所有节点都处于对等地位，并且具有相同的计算和通信传输功能，但某个节点可以被指定为簇首节点且可实现额外的功能。一旦当前的簇首节点失效，另一个节点可以立刻成为新的簇首节点，实现那些额外的功能。

对于完全连通的分布式网络，其路由表随节点数的增加而呈指数增加，并且路由设计复杂度是一个 NP 问题。通过限制允许通信的邻居节点数量和通信路径，可以获得一个具有多项式复杂度的再生流拓扑结构，基于这种结构的流线型协议在本质上就是分级网络结构。采用分级网络结构技术可简化 Mesh 网络路由设计，由于其数据处理可以在各分级层次中完成，因而比较适用于分级式信号处理和决策。采用分级技术的 Mesh 网络结构如图 4-11 所示。

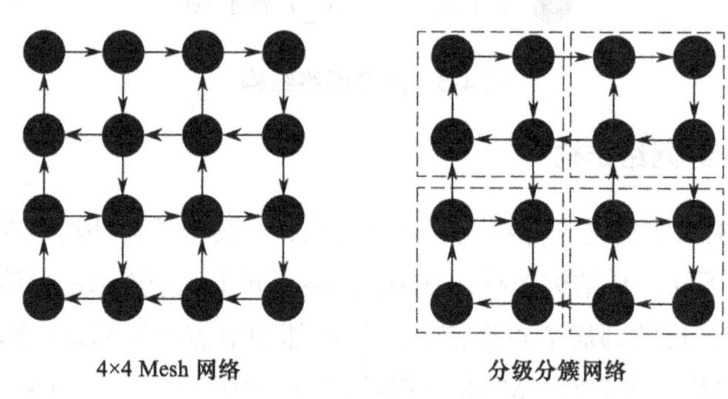

图 4-11　采用分级技术的 Mesh 网络结构

从技术角度考虑，基于 Mesh 网络结构的传感网具有以下特点。

（1）利用无线节点构成网络，数据和控制信号通过无线通信的方式在网络上传输，可以方便地通过电池为节点供电。

（2）节点按照 Mesh 网络结构部署，每个节点至少能与另一个节点通信，可以实现比传统的集线式或星形拓扑更好的网络连通性。除此之外，Mesh 网络还有另外两个功能，即自我形成和自愈功能。自我形成是指在打开电源时，节点可以自动加入网络；自愈功能是指当节点离开网络时，其余节点可以自动重新建立路由并将自身的消息或信号传输给网络外部的节点，从而确保存在一条可靠的通信路径。

（3）支持多跳路由。来自某个节点的数据在到达一个主机网关或控制器之前，可以通过其他节点转发。在 Mesh 网络结构下，只需在短距离链路中通信，在一定程度上可以减少部分干扰，可以为网络提供较高的吞吐量和频谱利用率。

4.2.8　传感网应用与研究

传感网可以将客观世界中不断变化的信息持续、高效地传递给人们，为人们提供各种形式的服务，在军事、商业、医疗、环境保护及灾难拯救等领域具有广阔的应用和发展前景。随着传感网的日益成熟和普及，人们的生产方式、生活方式和工作效率也会得到不断的改善和提高。

1．传感网应用情况

WSN 被认为是 21 世纪最重要的技术之一，2003 年 2 月的美国《技术评论》杂志评选出十大新兴技术，传感网位列第一。由于传感网具有不需要预先铺设网络设施、快速自动组网、传感器节点体积小等特点，在很多领域都有广泛的应用。

1）军事

传感网可用来建立一个集命令、控制、通信、计算、监视、侦察和定位于一体的战场指挥系统。传感网是由密集型、低成本、随机分布的节点组成的，自组织性和容错能力使其不会因为某些节点的损坏而整体崩溃。WSN 非常适合应用在恶劣的战场环境中，通过声音、压力等传感器可以侦察敌方阵地的动静及人员、车辆行动情况，实现战场实时监控、战场损失评估等。

2）环境监测

传感网可以布置在野外中以获取环境信息，如进行森林火灾监测，传感器被随机布设在森林中，当发生火灾时，这些传感器会通过协同合作在很短的时间内将火源的地点、火势的大小等信息传给终端用户。另外，传感网在监测农作物灌溉情况、土壤状况、牲畜/家禽生存环境状况、大面积的地表监测、气象和地理研究、洪水监测、鸟类跟踪、种群复杂度研究等方面都有较大的应用空间。

3）工业

在工业安全方面，传感网可应用于有毒、有放射性的特殊场合，它的自组织算法和多跳路由传输可以保证数据有较高的可靠性。在设备管理方面，传感网可用于监测材料的疲劳状况、进行机械的故障诊断、实现设备的智能维护等。

4）医疗

在医疗方面，如果在住院患者或老年人身上安装有特殊用途的传感器，医生就可以随时远程了解被监护患者或老年人的身体情况，如实时掌握血压、血糖、脉搏等信息，一旦发生危急情况可在第一时间采取措施。

5）其他领域

传感网在商业、交通等方面有着广泛的应用。在商业领域中，传感网可用于货物的供应链管理，定位货品的存放位置及确认货品的状态、销售情况等。在交通领域中，传感网可用于对车辆的跟踪、定位等。

2. 传感网研究情况

传感网的研究最早可以追溯到 1978 年，由美国国防部高级研究计划局（DARPA）资助的“分布式传感网论坛”在卡内基梅隆大学举行，但直到 20 世纪 90 年代，传感网的研究才真正成为热点。

目前传感网研究的热点内容主要有压缩感知、异构海量数据处理和具有能量意识的网络技术等。

以压缩感知理论（Compressed Sensing，CS）为例。在实际应用中，为了降低存储、处理和传输的成本，人们常通过压缩以较少的比特数表示信号，大量的非重要数据被丢弃。高速采样再压缩的过程浪费了大量的采样资源，于是很自然地引出一个问题：能否利用其他变换空间描述信号，建立新的信号描述和处理理论框架，在保证信息不损失的情况下，用远低于奈奎斯特采样定理要求的速率进行采样。压缩感知理论利用了信号的稀疏特性，将原来基于奈奎斯特采样定理的信号采样过程转化为基于优化计算恢复信号的观测过程，从而有效缓解了高速采样的压力，减少了处理、存储和传输的成本，使用低成本的传感器将模拟信息转化为数字信息成为可能。

4.3 无线通信

随着技术的发展，人们的信息交流从语言、文字、印刷、电报、电话一直演进到如今的现代通信，而现代通信网络正向数字化、智能化、综合化、宽带化、个人化迈进。

面向物联网的应用需要解决泛在的感知和互联互通与共享问题。泛在的感知就是利用各种方法感知各类物品、设备、人等；互联互通与共享就是解决不同接入方式、不同网络、不同应用系统及不同场景与环境的信息交互与共享。在这样的应用需求下，无线通信成为非常有效的技术支撑。

4.3.1　无线通信的起源

自古以来，信息就如物质和能量一样，是人类赖以生存和发展的基础资源。在信息化时代，通信技术正在迅速改变着人们的生产、生活方式。按照传输介质的不同，通信可分为有线通信和无线通信两大类。移动通信、宽带无线接入、微波中继、卫星通信等都属于无线通信的范畴。

人类的通信可以追溯到远古时代，信标、烽火、驿站等都曾作为主要的通信载体。1844 年，塞缪尔 · 莫尔斯发明了电报机，能发送一些符号，但不能传输语音；1875 年，亚历山大 · 贝尔通过实验，把金属片连接到电磁开关上，将声音信号转变成电流并在线路中传输，实现了声音的远距离传输，从而发明了电话。

电报和电话的出现极大地方便了人与人之间的信息交互，但二者都要依靠线路，线路的架设要受客观条件的制约，而且在船舶、飞机、车辆等移动的交通工具上，是无法用有线的通信方式来与地面进行通信的。在此背景下，无线通信在 19 世纪应运而生，使通信摆脱了对线路的依赖。这是通信技术发展的一次飞跃，也是人类科技史上的一个重要成就。

无线通信技术的演进主要经历了九件大事。

（1）1831 年，迈克尔 · 法拉第发现电流可以产生磁场，由此揭示了一种新的电和磁之间的交互作用。

（2）1865 年，詹姆斯 · 克拉克 · 麦克斯韦在理论上预言了电磁波的存在，并证明它是以光速传播的。

（3）1887 年，海因里希 · 鲁道夫 · 赫兹用实验的方法证明了电磁波的存在，证实了麦克斯韦的电磁场理论，为无线电波的应用奠定了基础。

（4）1894 年，亚历山大 · 斯捷潘诺维奇 · 波波夫发明了无线电天线，并设计了无线电接收机。

（5）1897 年，马可尼实验室证明了无线通信在运动中的可应用性，引发了人类对移动通信的兴趣与追求。

（6）1946 年，贝尔实验室推出了世界上第一个连接到公用交换电话网的车载电话。

（7）20 世纪 40 年代至 60 年代初，欧美等地区完成了移动通信网络从专用网向公共网过渡的研发。

（8）1976 年，贝尔实验室在美国纽约建立了 12 信道移动电话系统，为 543 个移动用户提供了服务。

（9）1978 年，贝尔实验室开发了真正意义上的大容量蜂窝移动通信系统。

至此，无线通信技术正式从实验室走向市场，世界各国纷纷开始投入技术力量全面研发相关的无线通信产品。

4.3.2　无线通信基本原理

无线通信的基本原理是：发送端将用户信息加载到快速振荡的电信号上，生成载有用户信息且可以辐射的电磁波，利用电磁波以光速传播的特性，将用户信息快速传送到远方；接收端将收到的电磁波转换成电信号，并将所载的用户信息传送给受信者。其中，发送端称为信源，电磁波传输的媒质称为信道，接收端称为信宿，信息加载的过程称为调制，信息还原的过程称为解调。

无线通信系统示例如图 4-12 所示。

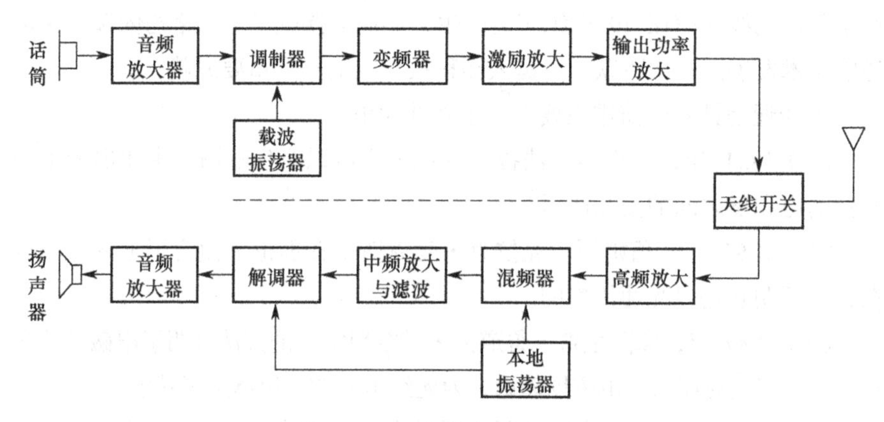

图 4-12　无线通信系统示例

无线通信具有开放性、灵活性和易干扰性三个基本特性。

1. 开放性

开放性是指无线通信信道具有开放性，这有利于覆盖区域性或全球性的广播信道通信，如卫星通信、移动通信等，但信息易被截获和窃听。

2. 灵活性

灵活性是指无线通信网的网络构成不是固定的，这有利于构建网络拓扑复杂、网络节点多变的网络，如卫星网、短波网、野战移动网等，但这给组网部署、路由发现等处理机制增加了一定的难度。

3. 易干扰性

易干扰性是指无线通信易受外界干扰，干扰包括自然干扰和人为干扰。自然干扰包括太阳黑子/磁暴/电离层骚动/雷电等对短波通信的影响、气候/地形对超短波通信的影响、大气折射/地面反射/雨雪云雾等对微波通信的影响，人为干扰包括工业性干扰、系统间干扰、蓄意破坏性干扰等。

4.3.3 无线通信分类

无线通信根据不同的分类原则可以有多种分类方式。按照无线通信的技术体制，可分为模拟通信、数字通信；按照无线通信的工作波长，可分为长波通信、中波通信、短波通信和微波通信；按照无线通信的应用可分为移动通信、无线接入和卫星通信。

1. 按技术体制分类

在模拟通信中，信号幅度的取值是连续的，幅值可用无限个数值表示。在时间上连续的模拟信号是连续变化的图像（电视、传真）信号，在时间上离散的模拟信号是抽样信号。模拟通信的优点是直观且容易实现，缺点主要有两个：一是保密性差，很容易被窃听，只要能收到模拟信号，就容易得到通信内容；二是抗干扰能力弱，信号在传输过程中会受外界和通信系统内部各种噪声的干扰，噪声和信号在混合后难以分开，从而使得通信质量下降，信道越长，积累的噪声就越多。

数字通信以数字信号为载体来传输消息，或者用数字信号对载波进行数字调制后再传输消息。在数字通信中，既可传输电报、数据等数字信号，也可传输经过数字化处理的语音、图像等模拟信号。二进制码就是一种数字信号。数字信号与模拟信号的区别不在于信号使用哪个波段进行转发，而在于信号采用何种标准进行传输。

2. 按工作波长分类

长波通信是指利用波长大于 1km（频率低于 300kHz）的电磁波传输信息的通信方式。长波通信可细分为长波通信、甚长波通信、超长波通信、极长波通信。波长越大，传播衰耗越小，穿透海水和土壤的能力越强，但相应的大气噪声也越大。随着工作波长的增加，发射天线的尺寸也要相应地增加，超长波发射天线的长度可达数十千米甚至上百千米。

中波通信是利用波长为 100 ~ 1000m（频率为 300k ~ 3000kHz）的电磁波传输信息的通信方式。中波通信在白天主要依靠地波传播，在夜间还可依靠由电离层反射的天波传播。中波通信能够稳定传播，是早期无线通信中的主要通信波。20 世纪 20 年代，中波通信被广泛用于广播和导航。

短波通信也称高频通信，主要依靠由电离层反射的天波实现远距离通信。短波通信受电离层变化的影响十分严重，但随着对电离层变化规律的了解及短波信道频率自适应技术的发展，短波通信质量有了很大提高。由于具有设备简单、机动性大的特点，短波通信在军事通信、应急通信中得以发展。

微波通信的地面传输距离约为 50km，对于更长距离的通信，需要设接力站。微波波段具有极宽的频谱，所以微波通信可以提供更强的传输能力。

3. 按应用分类

移动通信是指通信双方有一方或两方处于运动状态的通信，采用的频段可为低频、中频、高频、甚高频和特高频。移动通信系统由移动台、基台、移动交换局组成。若要同某移动台通信，移动交换局通过各基台向全网发出呼叫信号，被叫台在收到呼叫信号后发出应答信号，移动交换局在收到应答信号后分配一个信道给该移动台并从此话路信道中传送一信令使其振铃。

无线接入主要实现无线工作站对有线局域网的访问和有线局域网对无线工作站的访问，访问接入点覆盖范围内的无线工作站可以进行相互通信。

卫星通信是指地球（包括地面和低层大气）上的无线电通信站以卫星为中继进行的通信。卫星通信系统由卫星和地球站两个部分组成。卫星通信的特点如下。

（1）通信范围大。

（2）只要在卫星发射电波覆盖范围内，任何两点之间都可进行通信。

（3）不易受陆地灾害的影响（可靠性高）。

（4）只要设置地球站，电路即可开通（开通电路迅速）。

（5）同时可在多处接收信号，能经济地实现广播、多址通信（多址特点）。

（6）电路设置非常灵活，可随时分散过于集中的话务量。

（7）同一信道可用于不同方向或不同区间（多址连接）。

（8）不受地理条件的限制，具有灵活的可移动性。

4.3.4　宽带无线接入技术

宽带无线接入（Broadband Wireless Access，BWA）技术是指能够以无线传输方式向用户提供高速率的公共网接入服务的技术。BWA 实现了交换节点与用户终端之间的无线通信。广义上，通过无线方式接入网络并能够提供宽带数据服务的技术，都可纳入 BWA 的范畴。BWA 技术具有覆盖范围广、频率选择灵活、频谱利用率高等特点。

根据覆盖范围的不同，可以将 BWA 划分为无线个域网（WPAN）、无线局域网（WLAN）、无线城域网（WMAN）和无线广域网（WWAN）四大类。不同 BWA 的环境及标准如图 4-13 所示。

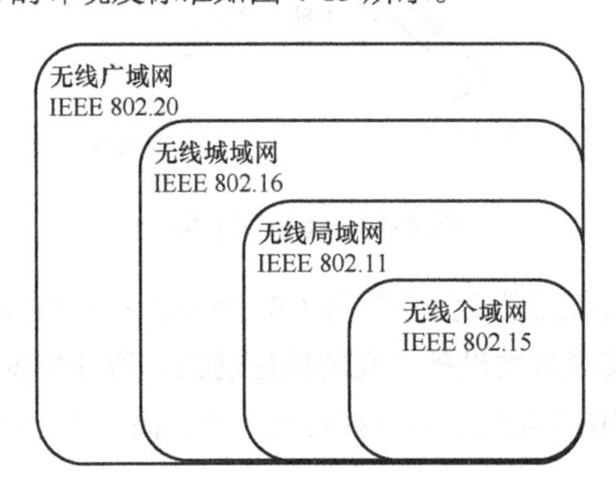

图 4-13　不同 BWA 的环境及标准

常见的 BWA 技术/网络有蓝牙、无线局域网、ZigBee 等。

1. 蓝牙

蓝牙（Bluetooth）是一种支持设备短距离通信的无线通信技术，其通信距离一般在 10m 以内。基于蓝牙技术，通过建立通用的无线空口及制定控制软件的公开标准，使通信与计算机进一步结合，使不同厂家生产的便携式设备在无线互联的情况下，能在近距离范围内具有互操作的性能。1994 年，瑞典的 Ericsson 公司开始研究此技术；1998 年，爱立信、诺基亚、IBM、东芝和英特尔成立了特殊兴趣组（SIG）来进一步扩展研究，开始制定相关标准。

蓝牙工作在全球通用的 2.4GHz ISM 频段，传输速率为 1M～3Mbps，支持点对点及点对多点通信，可采用无线方式将若干蓝牙设备连成一个微微网（Piconet）。微微网是由采用蓝牙技术的设备以特定方式组成的网络。微微网的建立基于最少两台设备（如便携式计算机和蜂窝电话）、最多八台设备。所有的蓝牙设备都是对等的，以同样的方式工作。微微网架构如图 4-14 所示。

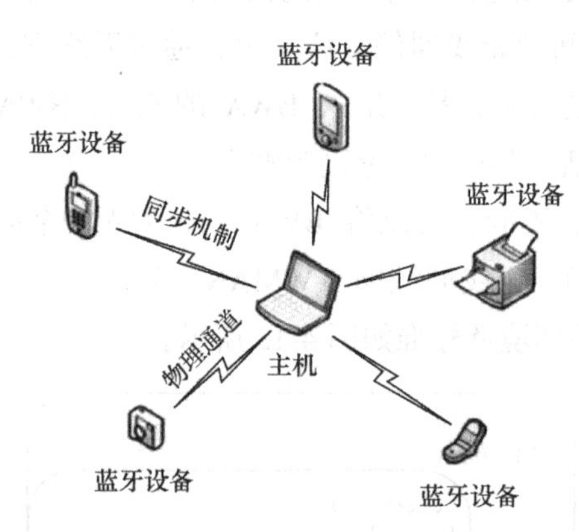

图 4-14 微微网架构

多个微微网又可互联成为分散网（Scatternet），形成灵活的多重微微网拓扑结构，从而实现各类设备之间的快速通信。蓝牙技术规范由蓝牙技术联盟（Bluetooth SIG）制定，可支撑传统蓝牙、高速蓝牙和低功耗蓝牙三大类应用的实现。

为使符合蓝牙技术规范的各种设备能够互通，要求本地设备和远端设备使用相同的协议。蓝牙的技术优势主要包括以下几个方面。

（1）频率全球可用。蓝牙技术在全球可用的 2.4GHz ISM 频段运行，无须额外支付其他任何费用。

（2）设备种类多。从手机、汽车到医疗设备，集成蓝牙技术的设备种类非常多。低功耗、小体积及低成本的芯片解决方案使蓝牙技术甚至可以应用于极微小的设备。

（3）易于使用。蓝牙是一项即时技术，不依赖固定的基础设施，并且易于安装和设置。

（4）全球通用。蓝牙是当今市场上支持范围最广、功能最丰富且安全的无线技术，在全球范围内通用。

2．无线局域网

无线局域网（Wireless Local Area Networks，WLAN）是一种不依赖电缆的数据传输系统，基于射频（Radio Frequency，RF）技术，其基本架构如图 4-15 所示。

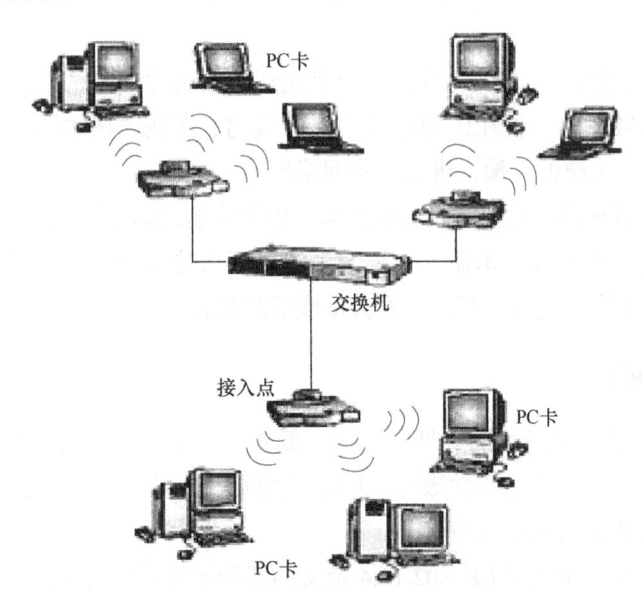

图 4-15　无线局域网基本架构

无线局域网的主要优点如下。

（1）具有灵活性和可移动性。在有线网络中，网络设备的安装位置受

网线位置的限制，无线局域网则不受此限制；连接无线局域网的用户可以在自由移动的同时与网络保持连接。

（2）安装便捷。无线局域网可以免去或最大限度地减少网络布线的工作量。一般来说，只要安装一个或多个接入点设备，就可建立覆盖整个区域的局域网络。

（3）易于进行网络规划和调整。对有线网络来说，办公地点或网络拓扑的改变通常意味着重新建网和布线，这是一个费力、费时的过程。对于无线局域网，则不存在此问题。

（4）故障定位容易。有线网络一旦出现物理性故障，如线路连接不良导致的网络中断，往往很难查明，线路检修和故障修复也很麻烦。无线局域网则很容易定位故障，只需更换故障设备即可恢复网络连接。

（5）易于扩展。无线局域网有多种配置方式，可以很快地从只有几个用户的小型局域网扩展到有上千个用户的大型网络，并且能够实现节点间"漫游"等有线网络无法实现的功能。

无线局域网在给网络用户带来便捷的同时，也存在一些缺点，具体如下。

（1）性能方面。无线局域网是依靠无线电波传输信息的，这些电波由无线发射装置发射，但在传输过程中，建筑物、车辆、树木和其他障碍物等都可能阻碍电波的传输，进而影响网络性能。

（2）速率方面。无线信道与有线信道相比传输速率要低得多。

（3）安全性方面。本质上，无线电波不要求建立物理的连接通道，无线信号是发散的，易被监听，可能会造成信息泄露。

3. ZigBee

ZigBee 是一种近距离、低复杂度、低功耗、低速率、低成本的双向无线通信技术，可用于周期性数据、间歇性数据和低反应时间数据的传输。ZigBee 组网架构如图 4-16 所示。

ZigBee 网络采用 IEEE 802.15.4 定义的两种无线通信设备，分别是全功能设备（Full Function Device，FFD）和简化功能设备（Reduced Function Device，RFD）。FFD 可以和 FFD、RFD 进行通信，而 RFD 只能和 FFD 通信，RFD 是无法相互通信的。

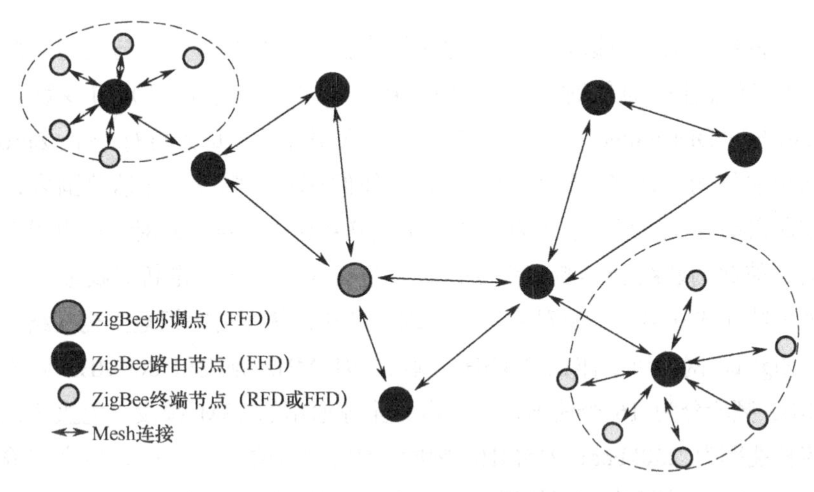

图 4-16　ZigBee 组网架构

1）ZigBee 网络中的节点类型

从网络配置上讲，ZigBee 网络中的节点可以分为三种类型：ZigBee 协调点、ZigBee 路由节点和 ZigBee 终端节点。

（1）ZigBee 协调点。ZigBee 协调点在 IEEE 802.15.4 中也称为 PAN 协调点，它必须是 FFD。一个 ZigBee 网络中只有一个 ZigBee 协调点，它是整个网络的主要控制者，通常具有相对于网络中其他类型的节点更强大的功能，主要负责建立新的网络、设定网络参数、发送网络信标、管理网络中的节点及存储网络中节点的信息等。在网络形成后，也可以执行路由功能。ZigBee 协调点一般由交流电源持续供电。

（2）ZigBee 路由节点。ZigBee 路由节点也必须是 FFD，可以参与路由发现、消息转发并可允许其他节点通过它来扩展网络的覆盖范围等。此外，ZigBee 路由节点还可以在个人操作空间（Personal Operating Space，POS）中充当普通协调点，普通协调点并不是 ZigBee 协调点，受 ZigBee 协调点控制。

（3）ZigBee 终端节点。ZigBee 终端节点可以是 FFD 或 RFD，通过 ZigBee 协调点或 ZigBee 路由节点连接网络，不允许其他任何节点通过它加入网络。ZigBee 终端节点相对于其他类型的节点具有存储容量小、功耗低等特点。

ZigBee 采用无线自组织网技术。无线自组织网是一个对等性网络，网络中所有节点地位平等，无须设置任何中心控制节点，不依赖固定的网络设施；网络中的节点既是终端，也是路由器，当某个节点要与其覆盖范围之外的节点进行通信时，需要依赖中间节点（普通节点）的多跳转发（Multi-hop Distributed）。例如，在一群伞兵空降后，每人持有一个 ZigBee 网络模块终端，在降落到地面后，只要他们在网络模块的通信范围内，通过彼此自动寻找，很快就可以形成一个互联互通的 ZigBee 网络；由于存在移动，彼此的联络会不断发生变化，网络模块可以通过重新寻找通信对象来确定彼此的联络，不断对原有网络进行刷新，从而自组织地重构网络。

ZigBee 网络可工作在 2.4GHz 频段、915MHz 频段和 868MHz 频段。2.4GHz 频段分为 16 个信道，该频段为全球通用的 ISM 频段，免执照，最高传输速率为 250kbps；915MHz 频段上的信道个数为 10 个，最高传输速率为 40kbps，主要在美国使用；868MHz 频段上的信道个数为 1 个，最高传输速率为 20kbps，主要在欧洲使用。通常来说，ZigBee 网络的传输距离为 10～75m。

2）ZigBee 网络的主要特点

（1）低功耗。由于 ZigBee 的传输速率低，发射功率仅为 1mW，而且具有休眠模式，因此非常省电。据估算，ZigBee 设备的电池具有长达 6～24 月的使用时间。ZigBee 在协议上也对电池使用进行了优化。在一般情况下，碱性电池可以使用数年，在某些工作时间和总时间（工作时间＋休眠时间）之比小于 1%的情况下，电池的寿命甚至可以超过 10 年。

（2）低成本。ZigBee 协议是免专利费的，ZigBee 模块的成本可控制在 2 美元左右。低成本对 ZigBee 的应用来说是一个关键因素。

（3）短时延。ZigBee 网络的通信时延和从休眠状态中激活的时延都非常短，典型的搜索设备时延为 30ms，休眠激活的时延为 15ms，活动设备信道接入的时延为 15ms。因此，ZigBee 技术适用于对时延要求非常高的无线控制应用。

（4）高容量。ZigBee 定义了全功能设备（FFD）和简化功能设备（RFD）两种设备。对于 FFD，要求它支持所有的 49 个基本参数；对于 RFD，在最小配置时，只要求它支持 38 个基本参数。在每个 ZigBee 网络内，连接地址码分为 16bit 短地址和 64bit 长地址，可容纳的最大设备数量分别为 216 个和 264 个，具有较高的网络容量。

（5）高可靠性。ZigBee 采取碰撞避免策略，同时为需要固定带宽的通信业务预留了专用时隙，避开了数据发送的竞争和冲突。MAC 层采用完全

确认的数据传输模式，每个发送数据包都必须等待接收方的确认信息。如果在传输过程中出现问题可以重发。

（6）高安全性。ZigBee 提供基于循环冗余校验（CRC）的数据包完整性检查功能，支持鉴权和认证。运用 AES-128 加密算法，各应用可以灵活地确定其安全属性。

4.3.5　无线通信技术应用与发展

近年来，全球通信技术的发展日新月异，尤其是无线通信技术的发展速度已经远远超过了有线通信技术，呈现出如火如荼的发展态势。

无线网络作为可移动的通信网络，能够灵活方便地为用户提供随时随地的通信服务。它不需要预先架设线路，能够轻易地覆盖有线网络不能覆盖的地方。军用无线网络在经过了几十年的发展后，也由模拟通信发展到了数字通信，通信设备在兼容原有模拟功能的基础上完全实现了数字化，各类通信设备的传输能力有了较大提高，具有为用户提供各类业务支撑的能力。商用无线网络在经历了第一代模拟通信和第二代数字通信的发展后，已进入第三代、第四代、第五代数字通信时代，提供的服务内容越来越丰富，通信终端信息处理的能力也越来越强大。

蜂窝移动通信从 20 世纪 80 年代出现到现在，已经发展到了第五代移动通信技术。

1. 第一代移动通信技术

第一代移动通信技术是指最初的模拟移动通信技术，也称为“1G 技术”，仅限于语音传输。由于受到传输带宽的限制，不能进行长途漫游，只能进行区域性的移动通信。第一代移动通信有多种制式，我国主要采用的是 TACS。第一代移动通信有很多不足之处，如容量有限、制式太多、互不兼容、保密性差、通话质量不高、不能提供数据业务和自动漫游功能等。

第一代移动通信主要采用的是频分多址（FDMA）技术，即将信道频带分割为若干更窄的互不相交的频带（称为子频带），每个子频带为一个用户专用（称为地址）。FDMA 模拟传输是效率最低的一种多址接入技术，这主要体现在模拟信道每次只能供一个用户使用，带宽得不到充分利用。此外，FDMA 信道大于通常所需的特定数字压缩信道。模拟信号对噪声较为敏感，额外噪声不能被滤除。

第一代移动通信系统基于模拟蜂窝网络，采用模拟调制方式进行语音传输，这种方式有以下不足之处。

（1）受传输带宽限制，不能实现国际漫游。

（2）提供的业务单一，只能提供语音业务，不能提供数据业务。

（3）设备造价高，终端体积大，耗电量大，终端易被盗号。

（4）保密性差，容易被第三方窃听。

（5）频谱利用率低，无法满足大容量的需求。

2. 第二代移动通信技术

第二代移动通信技术也称为“2G 技术”。第二代移动通信系统采用数字技术进行通信，弥补了模拟通信系统的不足；以时分多址和窄带码分多址为主体。GSM（Global System for Mobile Communications）是由欧洲开发的全球移动通信系统，其技术标准公开，发展规模大，开发目的是让全球各地使用同一个移动电话网络标准，让用户使用一部手机就能“行遍全球”。GSM 系统包括“GSM 900:900MHz”“GSM1800:1800MHz”“GSM1900:1900MHz”等几个频段。CDMA（Code Division Multiple Access）系统采用码分多址的技术及扩频通信的原理，可以在系统中使用多种先进的信号处理技术，具有许多优点。我国应用的第二代移动通信系统为欧洲的 GSM 系统及北美的窄带 CDMA 系统，第二代 GSM、CDMA 等数字式手机提供了短信、WAP 上网等功能。

1）GSM 系统的主要特点

（1）频谱效率高。通过采用声码器、信道编码、交织、均衡、蜂窝等技术，实现信道带宽压缩和频率重复利用。

（2）容量较大。GSM 系统具有灵活且方便的组网结构，频率重复利用率高，移动业务交换机的话务承载能力很强，能够保证在语音和数据通信两个方面满足用户对大容量、高密度业务的需求。

（3）语音质量高。基本与有线固定电话的通话质量相当。

（4）安全性高。通过采用 A3（RAND+Ki）=SERS 鉴权和 A8（RAND+Ki）=Kc 加密手段，能够保证系统的安全性。

（5）接口开放。Abis（移动通信基站 BTS 和基站控制器 BSC 之间的接口）是标准开放接口。

（6）灵活性高。具有良好的互通性，终端设备轻巧。

2）CDMA 系统的主要特点

（1）容量大。CDMA 系统的信道容量是模拟系统的 10～20 倍。

（2）灵活性高。在 CDMA 系统中，用户数量和服务质量可以相互折中，灵活确定。例如，系统运营者可以在话务高峰期对某些参数进行调整，如稍稍提高目标误帧率，从而增加可用信道数；当相邻小区的负荷较轻时，本小区受到的干扰较小，容量就可以适当增加。

（3）软切换。软切换可以有效提高切换的可靠性，大大减少切换造成的掉话。

（4）通信性能好。CDMA 系统综合利用了频率分集、空间分集和时间分集来抵抗衰落对信号的影响，从而实现高质量的通信。

（5）保密性好。CDMA 系统的信号扰码能够提高保密性，在防止串话、盗用等方面具有不可比拟的优点。

（6）发射功率低。由于 CDMA 系统采用快速的反向功率控制、软切换、语音激活等技术，以及 IS-95 标准对手机最大发射功率进行了限制，因而 CDMA 系统在通信过程中辐射功率很低，同时对于相同的覆盖半径，CDMA 系统所需的发射功率更低。

（7）覆盖范围大。在相同的发射功率和相同的天线高度条件下，CDMA 系统有更大的覆盖范围，因此需要的基站也更少，这对于覆盖受限的区域是十分有意义的。

3. 第三代移动通信技术

第三代移动通信技术也称为“3G 技术”。第三代移动通信系统最早是由 ITU 在 1985 年提出的，该系统的工作频率为 2000MHz。1996 年，第三代移动通信系统正式更名为国际移动通信 2000（International Mobile Telecommunication-2000，IMT-2000）。第三代移动通信系统是在第二代移动通信系统的基础上，通过进一步演进 CDMA 技术而发展的，相关的技术途径主要有 TD-SCDMA（Time-Division Synchronous Code Division Multiple Access）、WCDMA（Wide-band Code Division Multiple Access）、CDMA 2000（Code Division Multiple Access 2000）。第三代移动通信系统能同时提供语音和数据业务，使个人终端用户能够在全球范围内，在任意时间、任意地点，与任意人、用任意方式高质量地完成通信。可见，第三代移动通信十分重视个人在通信系统中的自主因素，突出了个人在通信系统中的主要地位。

第三代移动通信系统的目标：

（1）全球统一频率、统一标准，全球无缝覆盖。

（2）更高的频谱效率，更低的建设成本。

（3）更高的服务质量和更好的保密性能。

（4）提供足够的系统容量，推动第二代移动通信系统的过渡和演进。

（5）提供多种业务，适应多种环境。

第三代移动通信系统的主要特征：

（1）具有大容量语音、数据和图像传输等灵活的业务。

（2）以 CDMA 和 GSM 为基础，是平滑过渡、演进的网络。

（3）采用无线宽带传送、快速功率控制、多址干扰对消、智能天线等先进技术和复杂的编码解码及调制解调算法。

（4）数据传输速度有了大幅提升，能够提供包括网页浏览、电话会议、电子商务等在内的多种信息服务。

4. 第四代移动通信技术

第四代移动通信技术也称为“4G 技术”，是在第三代移动通信技术的基础上不断优化升级、创新发展而来的，其衍生了一系列自身固有的特征，以 WLAN 技术为发展重点。除了高速信息传输，第四代移动通信技术还具有极高的安全性。

1）第四代移动通信系统涉及的主要技术

第四代移动通信系统涉及的主要技术有多天线技术、IPv6 技术、智能天线技术、正交频分复用技术等。

（1）多天线技术。多天线是指任何一方产生的通信信号都由多个天线来进行传递，与传统的单天线传递方式相比，这种方式有很多的优点。在实施过程中，主要运用了分集技术，其特点是发射机无须对信号进行分析，由接收机决定接收哪个类型信号。可简单理解为，在某条天线出现故障而无法传递信号时，其他天线的信号传递不会受到影响，实现了天线之间的独立。该技术最大的优点是能够扩宽信道容量，在有限的设备条件下，能满足更多用户的使用需求，提高了频谱的利用率。

（2）IPv6 技术。对公共网络来说，需要解决的最大问题是 IP 地址的数量问题。在 IPv4 技术中，IP 地址由 4 字节构成，地址长度只有 32 位；在

IPv6技术中，IP地址IP地址由16字节构成，地址长度共有128位。IPv6所拥有的地址容量约为IPv4的8×1028倍，达到$2^{128}-1$个。

（3）智能天线技术。智能天线技术的工作原理是：编写程序并将程序变为一组天线单元，通过天线单元获取信号传输方向。智能天线技术还能复用多光束频率，通过标记方位相同但频率不同的天线来实现。此外，智能天线技术还能实现空分多址的功能，能够统一划分不同空间的路径，进而快速确定目标的具体方位，避免出现在目标移动过程中无法定位的情况。空分多址功能推动了天线效率的有效提升，同时也在很大程度上降低了发射机的功率。不仅如此，智能天线技术还能自行设定参数，并且在参数不准确时进行自动调整，从而确保其所发出的信号与实际信道参数吻合。

（4）正交频分复用技术。正交频分复用技术的工作原理是，将通信信道划分为若干个子信道，然后将需要传输的数据分流到子信道中进行传输，以此实现信号的有效传递。该技术的最大优势在于，其能够降低通信传输过程中信号的衰弱程度，具有较强的抗衰力。另外，正交频分复用技术在传输时还具有较强的抗干扰性，能够提高数据传输效率，给用户带来更好的网络使用体验。

2）第四代移动通信技术的主要优势

（1）通信速度快。数据传输速率最高可以达到100Mbps。

（2）网络频谱宽。AT&T的研究人员称，每个4G信道占有100MHz的频谱，相当于W-CDMA（3G）网络的20倍。

（3）通信灵活。基于第四代移动通信技术，可以轻松处理语音、文字、图像、视频等各类信息。

（4）能提供增值服务。第四代移动通信系统以其正交多任务分频技术（OFDM）而备受瞩目，利用这种技术，可以实现无线区域环路（WLL）、数字音频广播（DAB）等无线通信增值服务。

（5）通信质量高。第四代移动通信技术能更好地满足多媒体的传输需求，有效提升通信质量。

3）第四代移动通信技术的主要缺陷

（1）标准多。存在各种移动通信系统彼此互不兼容的问题，给手机用户带来了诸多不便。

（2）技术难。要实现高速下载还需要解决一系列技术问题，如保证楼区、山区及其他易受障碍物影响的地区的信号强度。另外，在移交方面，手机很容易在从一个基站的覆盖区域进入另一个基站的覆盖区域时失去网络连接。

（3）其他。在新的设备和技术推出后，其后的软件设计和开发必须及时跟上，才能保证新的设备和技术很快得到应用和推广。

整体而言，第四代移动通信系统提供的业务数据大多为全 IP 化数据，所以在一定程度上可以满足移动通信业务的发展需求。然而，随着经济社会及物联网技术的迅速发展，社交网络、车联网等新型移动通信业务不断产生，对通信技术提出了更高层次的需求。针对新的需求，我们须研究更加高速、更加先进的移动通信技术。

5. 第五代移动通信技术

第五代移动通信技术也称为“5G 技术”，具体内容见 4.4 节。

4.4 5G 技术

第五代移动通信技术（5G 技术）是目前最新一代移动通信技术，具有提高数据传输速率、减少网络延迟、节省能源并降低成本、支持更大的系统容量和大规模设备连接等优势，是新一代信息技术的发展方向和数字经济的重要基础。

当前，全球 5G 进入商用部署关键期。坚持自主创新与开放合作相结合，我国 5G 产业已建立竞争优势。目前，我国 5G 中频段系统设备、终端芯片、智能手机处于全球产业第一梯队，具备了商用部署的条件。2019 年 6 月 6 日，工业和信息化部正式向中国电信、中国移动、中国联通三家通信/网络运营商发放了 5G 商用牌照。2019 年为 5G 商用元年。

4.4.1 5G 关键技术

5G 应用场景由移动互联网向移动物联网拓展，将构建起高速、移动、安全、泛在的新一代信息基础设施。与此同时，5G 将加速许多行业的数字化转型，并且更多地用于工业互联网、车联网等，能够带来新机遇，有力支撑数字经济蓬勃发展。根据中国信息通信研究院《5G 产业经济贡献》，预计 2020—2025 年，我国 5G 商用直接带动的经济总产出达 10.6 万亿元，直接创造的就业岗位超过 300 万个。

1. 超密集异构网络

5G 正朝着网络多元化、宽带化、综合化、智能化的方向发展。减小小区半径、增加低功率节点，是保证未来 5G 网络能够应对 1000 倍流量增长的核心手段，超密集异构网络已成为 5G 的关键技术。

虽然超密集异构网络在 5G 场景中有很大的发展前景，但越发密集的网络部署将使得网络拓扑更加复杂，从而容易出现与现有移动通信系统不兼容的问题。因此，在 5G 网络中，干扰是一个必须解决的问题。网络中的干扰主要有同频干扰、共享频谱资源干扰和不同覆盖层次间的干扰等。现有通信系统中的干扰协调算法往往只能解决单个干扰源问题，而在 5G 网络中，相邻节点的传输损耗一般差别不大，这将导致多个干扰源强度相近，现有协调算法难以应对。

准确有效地感知相邻节点是实现大规模节点协作的前提条件。在超密集异构网络中，密集部署使小区边界数量大幅增加，加之形状的不规则，会导致频繁复杂的网络切换。为了满足移动性需求，必须研发新的切换算法；另外，网络动态部署也是研究的重点之一。

2. 自组织网络

传统移动通信网络主要依靠人工来完成网络部署及运维工作，既耗费人力资源，又会增加运行成本，而且网络优化也不理想。在 5G 网络中，存在各种无线接入技术，并且网络节点覆盖能力各不相同，要面临网络部署、运营及维护的挑战，因此，自组织网络（Self-Organizing Network，SON）将成为 5G 网络中必不可少的一项关键技术。

自组织网络解决的关键问题主要有网络部署阶段的自规划和自配置问题、网络维护阶段的自优化和自愈合问题。自规划的目的是动态进行网络规划并执行，同时满足系统在容量扩展、业务监测或结果优化等方面的需求；自配置指新增网络节点的配置可实现即插即用，具有低成本、易安装等优点。自优化的目的是减少业务工作量，达到提升网络质量及性能的效果；自愈合指系统能自动检测问题、定位问题和排除故障，大大减少维护成本并避免对网络质量和用户体验的影响。

3. 内容分发网络

内容分发网络（Content Distribution Network，CDN）对 5G 网络的容量扩展与用户访问具有重要的支撑作用。

CDN 在传统网络中添加了新的层次，是智能虚拟网络。CDN 综合考虑各节点的连接状态、负载情况及用户距离等，通过将相关内容分发给靠近用户的 CDN 代理服务器，实现用户对所需信息的就近获取，可使网络拥塞状况得以缓解，降低响应时间并提高响应速度。CDN 在用户侧与源服务器之间构建多个 CDN 代理服务器，可以降低延迟、提高 QoS（Quality of Service）。当用户发送请求时，如果源服务器之前接收过相同内容的请求，则该请求将被 DNS 重定向到离用户最近的 CDN 代理服务器上，由代理服务器发送相应内容给用户。随着云计算、移动互联网及动态网络内容技术的发展，CDN 逐步趋于专业化、定制化，在各方面都将面临新的挑战。

4. D2D 通信

就当前情况来看，5G 网络中的网络容量和频谱效率需要进一步提升，更丰富的通信模式及更好的终端用户体验是 5G 的演进方向之一。

设备到设备（Device to Device，D2D）通信具有潜在的提升系统性能、改善用户体验、减轻基站压力、提高频谱利用率的功能，是一种基于蜂窝系统的近距离数据直接传输技术。D2D 会话的数据直接在终端之间进行传输，不需要通过基站转发，而相关的控制信令（如会话的建立和维持、无线资源的分配及计费、鉴权、识别、移动性管理等）仍由蜂窝网络负责。D2D 通信可以减轻基站负担，降低端到端的传输时延，提升频谱效率，降低终端发射功率。在 5G 网络中，既可以在授权频段部署 D2D 通信，也可在非授权频段部署 D2D 通信。

5. M2M 通信

机器到机器（Machine to Machine，M2M）通信作为物联网最常见的应用形式，在智能电网、安全监测、城市信息化、环境监测等领域已经实现了商业化应用。

广义的 M2M 通信主要指机器与机器、人与机器间及移动网络与机器之间的通信，涵盖了所有实现人、机器、系统之间通信的技术；狭义的 M2M

通信仅指机器与机器之间的通信。智能化、交互式是 M2M 通信区别于其他应用的典型特征，在这一特征下的机器也被赋予了更多的“智慧”。

4.4.2　5G 与物联网

ITU-R 在 2015 年 6 月定义了未来 5G 的三大应用场景：增强型移动互联网业务（enhanced Mobile Broadband，eMBB）、海量连接的物联网业务（massive Machine Type of Communication，mMTC）、超高可靠性与超低时延业务（ultra Reliable Low Latency Communication，uRLLC）。mMTC 和 uRLLC 主要面向物联网的应用需求，其中 mMTC 就是针对未来低功耗、低带宽、低成本和对时延要求不高的场景而设计的。

5G 应用场景示例如图 4-17 所示。

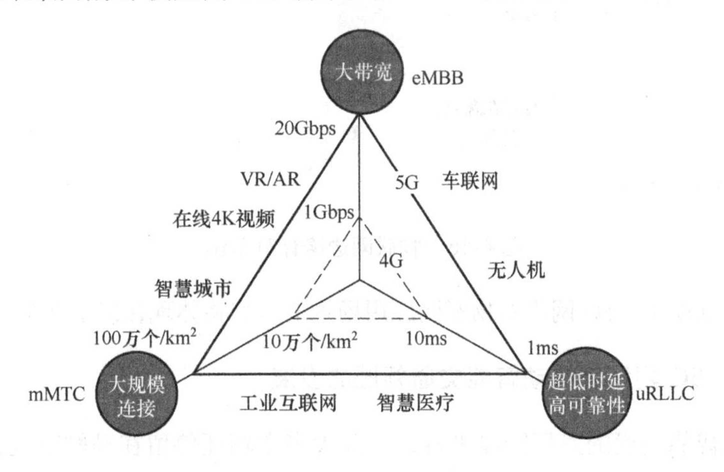

图 4-17　5G 应用场景示例

物联网的发展需要基础网络设施提供更多的支持，包括传输速率、设备容量、安全性等关键方面，而这几个方面恰好是 5G 能够带来重要变化的方面，所以我们说物联网是 5G 技术落地的重要受益者。

经过多年的发展，物联网有了众多细分领域，包括工业物联网、农业物联网、车联网、智慧家居、可穿戴设备等。在这些细分领域中，车联网和可穿戴设备对移动网络的传输速率有较高的要求，现有的移动通信环境无法完全满足很多场景对速率的要求，而 5G 技术的应用将解决这些瓶颈问题。5G 技术具备的低成本、低能耗、低延迟、高速度、高可靠性等特性，完全可以支持物联网长时间、大规模的连接。

事实上，5G 技术对物联网的一个重要支撑是移动边缘计算，在靠近移动用户的边缘位置提供信息技术服务环境和云计算能力，使应用、服务和内容都可以部署在高度密集分布的环境中，更好地满足低延迟和高带宽的业务需求。

物联网边缘计算示例如图 4-18 所示。

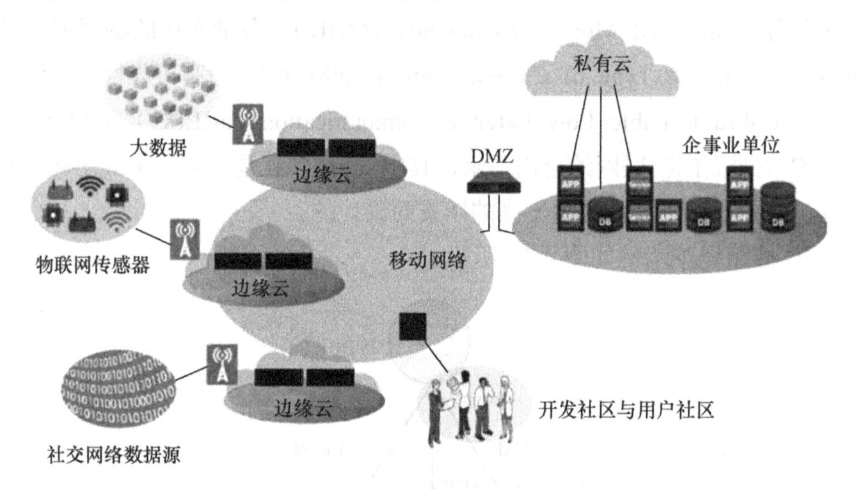

图 4-18　物联网边缘计算示例

可以预见，5G 网络对物联网应用场景的影响将体现在以下几个方面。

1．5G 网络将推动智能交通领域的发展

从智能交通的发展阶段来看，目前大多车辆还停留在导航阶段，使用孤立的定位系统，在 5G 网络的环境下，我们可以方便地建立车联网，车与车之间可以及时进行通信，从而更加有效地规划行车路线。另外，无人驾驶技术也能够得到更好的应用，5G 网络拥有高速率、低功耗的特点，利用相关技术将路况、车辆四周状况、红绿灯、堵塞程度等数据结合成一个智能交通网，任何车辆都可以全方位地获取相关信息，从而选择合适的车速或者路线，进而可以实现无人驾驶的美好愿景。

2．5G 网络将助力工业领域的发展

从工业领域的发展来看，一些危险环境中的远程作业一直受制于网络性能，其发展停滞不前。在 5G 时代，我们可以轻松地将作业地点与智能终端和计算机系统实时连接起来，工作人员可以远程实时采集数据，进行动

态分析处理和反馈控制，安全、高效地完成工作任务。

3．5G 网络将加速虚拟现实领域的发展

虚拟现实也是物联网应用的一个重要发展方向，完美的虚拟现实对移动网络有着极高的要求，目前的 VR 技术让许多人不出门就可以体验外面的精彩世界，但也有一个问题，就是许多人体验久了会头晕。相关研究表明，对 VR 来说，时延要低于 20ms 才能缓解晕眩感，而 5G 毫秒级的时延能够很好地解决这个问题，可以大大改善用户体验。

4．5G 网络将赋能远程医疗领域的发展

目前我国各地的医疗水平参差不齐，特别是偏远山区医疗资源极少，借助于 5G 全面实现远程医疗指日可待。远程医疗旨在提高医疗水平、降低医疗开支、减少看病花费的时间、解决医疗资源分配不均的问题。目前，远程医疗技术已经从最初的视频监护、电话远程诊断发展到可以利用高速网络进行数据、图像、语音的综合传输，在 5G 网络环境下，可以轻松实现实时的语音交流和高清图像的传送。5G 网络为远程医疗领域的发展带来了前所未有的发展前景。

美国麦肯锡公司预测，到 2025 年，全球物联网市场规模将达 11.1 万亿美元（相当于 60 万亿元人民币）。显然，一场技术与商业的革命即将到来，这股超级产业浪潮注定席卷一切。

2020 年 7 月，ITU 将 NB-IoT（Narrow Band Internet of Things，窄带物联网）技术纳入 5G 标准体系。中国电信作为全球最早布局 NB-IoT 业务的运营商之一，抓住机遇快速发展物联网业务规模。截至 2020 年 9 月，基于中国电信的物联网用户已经突破 2 亿人，其中 NB-IoT 用户有近 7000 万人，开放平台终端接入用户数超过 3000 万人，终端适配类型超过 1000 种。由此可见，5G 技术的商用化极大地推动了物联网业务应用规模的扩大。

4.5　嵌入式系统

物联网是实现物物相连的系统，而要实现这一目标，必须在物体中嵌入智能化部件，这也是一种嵌入式智能终端的网络化形式。嵌入式系统

（Embedded System）是物联网产业发展的核心推动力。

4.5.1 嵌入式系统工作原理

嵌入式系统的历史可以溯源到微处理器的诞生，微处理器提供了一个归一化的智力内核。在微处理器的基础上，后期发展的通用微处理器与嵌入式处理器形成了现代计算机时代的两大分支，即通用计算机时代与嵌入式系统时代。通用计算机经历了从智慧平台到互联网的发展；嵌入式系统则经历了从智慧物联到局域智慧物联的发展。

嵌入式系统应用市场示意如图 4-19 所示。

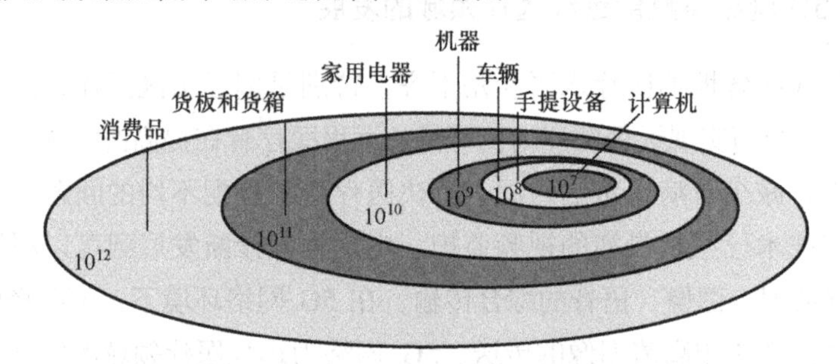

图 4-19 嵌入式系统应用市场示意

嵌入式系统是一个软件和硬件的综合体，可以涵盖机械等附属装置。其以应用为中心、以计算机技术为基础，软件硬件可裁剪，以满足应用系统对功能、可靠性、成本、体积、功耗等的严格要求。

对入嵌入式系统，可从硬件层、中间层、软件层来分析。

1．硬件层

嵌入式系统的硬件层包含嵌入式微处理器、存储器（RAM、ROM、Flash 等）、外设接口（USB、LCD、Keyboard 等）、电源/时钟/复位等，如图 4-20 所示。在一个嵌入式处理器上添加电源电路、时钟电路和存储器电路，就构成了一个嵌入式核心控制模块，其中，操作系统和应用程序都可以固化在 ROM 中。

嵌入式系统硬件层的核心是嵌入式微处理器，嵌入式微处理器与通用 CPU 最大的不同在于，嵌入式微处理器大多工作在为特定用户群设计的专用系统中，将许多由板卡完成的任务集成在芯片内部，有利于嵌入式系统在设计时趋于小型化，同时还具有很高的效率和可靠性。

嵌入式系统和外界的交互需要依靠一定形式的通用设备接口。通常每个外设只有单一功能，可以在芯片外也可以在芯片中。

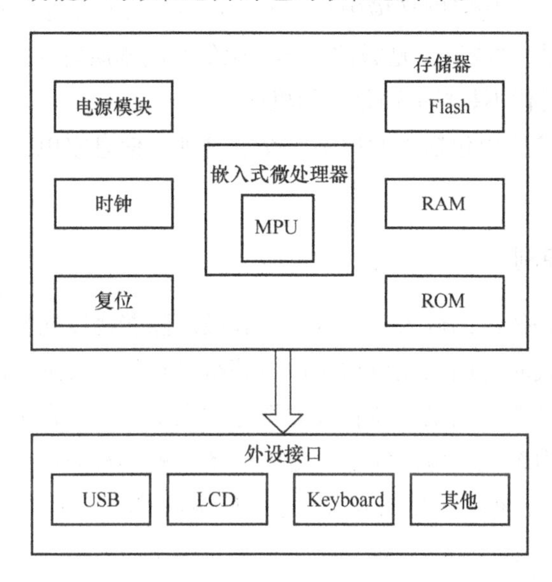

图 4-20　嵌入式系统硬件结构

2．中间层

硬件层与软件层之间为中间层，也称为硬件抽象层（Hardware Abstract Layer，HAL）或板级支持包（Board Support Package，BSP），它将系统上层软件与底层硬件分离开来，使系统的底层驱动程序与硬件无关，上层软件开发人员无须关心底层硬件的具体情况。中间层一般具有相关底层硬件初始化、数据输入/输出和硬件设备配置等功能。

3．软件层

嵌入式系统的软件层由实时多任务操作系统（Realtime Operation System，RTOS）、文件系统、图形用户接口（Graphic User Interface，GUI）、网络系统及通用组件模块组成。RTOS 是嵌入式应用软件的基础开发平台。嵌入式操作系统（Embedded Operation System，EOS）是一种用途广泛的系统软件，负责嵌入式系统全部软硬件资源的分配和任务调度，控制与协调并发活动。

4.5.2 嵌入式系统应用情况

嵌入式系统在物联网环境中具有非常广阔的应用前景，微控制器是为物物相联而生的，“物联”是微控制器与生俱来的本质特性。对嵌入式系统而言，物联网时代不是挑战而是新的机遇。

嵌入式系统应用包括工业控制、交通管理、信息家电、环境工程、机器人等。

1. 工业控制

工业控制是传统的嵌入式系统应用领域。随着物联网技术的应用和发展，基于嵌入式芯片的工业自动化设备获得了长足的发展。网络化是提高生产效率、提升产品质量、节省人力资源的主要途径，在工业过程控制、数字机床、电力系统、电网安全、电网设备监测、石油化工系统等工业控制和应用场景中，存在大量的嵌入式系统应用需求。

2. 交通管理

在车辆导航、流量监控、信息监测与汽车服务等方面，嵌入式系统已经获得了广泛的应用，内嵌 GPS 模块、GSM 模块的移动定位终端已规模投入使用。

3. 信息家电

信息家电可看作嵌入式系统最大的应用领域，冰箱、空调等的网络化、智能化将推动人们的生活步入一个崭新的空间，这充分体现了物联网的概念。在此过程中，嵌入式系统是必不可少的。

4. 环境工程

在很多环境恶劣、地况复杂的地区中，借助嵌入式系统可实现水文资料实时监测、防洪体系及水土质量监测、堤坝安全监测、地震监测、实时气象监测、水源和空气污染监测等。

5. 机器人

嵌入式芯片的发展使机器人在微型化、高智能方面的优势更加明显，同时可大幅降低机器人的价格，使其在工业领域和服务领域获得更广泛的应用。

物联网是一个全球化、无限时空、无限领域、多学科的科技工程。在相关的重大工程项目中，嵌入式系统以各种形式参与其中，并侧重于控制方面的应用。

4.6　云计算

如前所述，物联网可以看作互联网通过传感网向物理世界的延伸，其最终目标是实现对物理世界的智能化管理。云计算（Cloud Computing）凭借超大规模、虚拟化、高可靠性、高通用性、高可扩展性、按需服务、廉价及方便等特点，成为互联网发展的新主题。在物联网与互联网的整合中，需要一个或多个强有力的计算中心，以便能够对整合后的网络内的人员、设备、基础设施进行实时的管理和控制。物联网与云计算的结合是一种必然趋势。从拟人化的角度考虑，如果将物联网比喻为人的五官、四肢和神经系统，那么云计算就可看作人的大脑。

4.6.1　云计算基本概念

2006 年 8 月，谷歌公司的首席执行官埃里克·施密特在搜索引擎大会（SES San Jose 2006）上首次提出了云计算的概念。云计算是基于互联网的相关服务的增加、使用和交付模式，通常通过互联网来提供动态易扩展、虚拟化的资源。

云计算体系架构如图 4-21 所示。

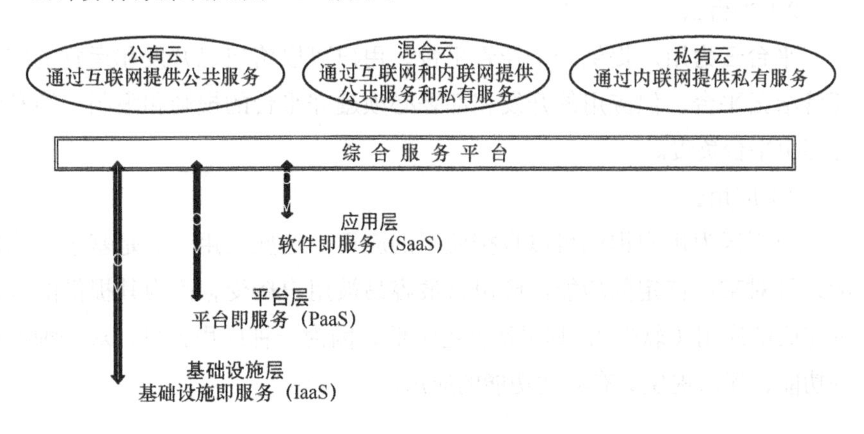

图 4-21　云计算体系架构

狭义的云计算指 IT 基础设施的交付和使用模式，即通过网络以按需、易扩展的方式获得所需资源；广义的云计算指服务的交付和使用模式，即通过网络以按需、易扩展的方式获得所需服务，这种服务可以是与软件、互联网相关的服务，也可以是其他服务。云计算的运用意味着计算能力可以作为一种商品通过网络进行流通。

在云计算中，软、硬件资源以分布式共享的形式存在，可以被动态地扩展和配置，最终以服务的形式提供给用户。用户按需使用云中的资源，不需要管理资源，只需按实际使用情况进行付费。这些特征决定了云计算架构符合物联网应用模式，能够有力地支撑物联网应用的部署，必将引领信息产业发展的新浪潮。

4.6.2 云计算分类

1. 按服务类型分

云计算按服务类型可分为基础设施云（Infrastructure Cloud）、平台云（Platform Cloud）和应用云（Application Cloud）三类。

1）基础设施云

基础设施云为用户提供的是底层的、接近直接操作硬件资源的服务接口。通过调用这些接口，用户可以直接获得计算和存储能力，而且非常自由灵活，几乎不受逻辑方面的限制。但是，用户需要进行大量的工作来设计和实现自己的应用。

2）平台云

平台云为用户提供一个托管平台，用户可以将自己开发和运营的应用托管给云平台，但应用的开发和部署必须遵守平台的规则和限制，涉及的管理由平台负责。

3）应用云

应用云为用户提供可以直接使用的应用，这些应用一般是基于浏览器的，针对某项特定的功能。应用云最容易被用户接受，因为其提供的是开发完成的应用（软件），其灵活性也最低，因为一种应用云只针对一种特定的功能，无法提供具有其他功能的应用。

2. 按服务方式分

云计算按服务方式可分为公有云（Common Cloud）、私有云（Private Cloud）和混合云（Mixing Cloud）三类。

1）公有云

公有云是由若干企业和用户共享的云环境。在公有云中，用户所需的服务由一个独立的第三方云提供商提供，该云提供商也同时为其他用户服务，这些用户共享这个云提供商所提供的资源。

2）私有云

私有云是由某个企业或组织独立构建和使用的云环境。在私有云中，用户是这个企业或组织的内部成员，共享该云计算环境提供的所有资源，公司或组织以外的用户无法访问相关服务。

3）混合云

混合云是公有云和私有云的混合。对信息控制、可扩展性、突发需求及故障转移需求来说，混合并匹配私有云和公有云是一种有效的技术途径。出于安全和控制的考虑，并非所有的企业信息都适合放在公有云中，因此大部分已经应用云计算的企业会使用混合云。事实上，私有云和公有云并不是“各自为政”的，而是可以相互协调的。例如，在私有云里完成相关任务的处理，在无须购买额外硬件的情况下，可在需求高峰期利用公有云来完成数据处理，从而实现利益的最大化。

另外，混合云也为其他弹性需求提供了一个很好的基础，如灾难恢复。私有云可以把公有云作为灾难转移的平台，并在需要的时候使用它，这是一个极具成本效应的理念。

4.6.3　云计算服务

作为一种新的计算模式，云计算能够将各种各样的资源以服务的方式通过网络交付给用户。这些服务包括种类繁多的互联网应用、运行这些应用的平台，以及虚拟化的计算和存储资源。云计算环境要保证所提供服务的可伸缩性、可用性与安全性。

1. 基础设施即服务

基础设施即服务（IaaS）交付给用户的是基本的基础设施资源。用户无

须购买、维护硬件设备和相关系统软件，可以直接在 IaaS 层上构建自己的平台和应用。IaaS 为用户提供了虚拟化的计算资源、存储资源和网络资源，这些资源能够根据用户的需求进行动态分配。IaaS 提供的服务都比较低层，但也更为灵活。

Amazon EC2 就是一个典型的 IaaS 实例，其底层采用 Xen 虚拟化技术，以 Xen 虚拟化的形式向用户动态提供计算资源。Amazon EC2 的网络资源拓扑结构是公开的，但其内部细节对用户透明，用户可以方便地按需使用虚拟化资源。亚马逊公司还提供简单存储服务（Simple Storage Service，S3）等多种服务。

2. 平台即服务

平台即服务（PaaS）交付给用户的是丰富的云中间件资源，这些资源包括应用容器、数据库和消息处理等。因此，PaaS 面向的并不是普通的终端用户，而是软件开发人员，他们可以充分利用开放的资源来开发定制化的应用。

PaaS 的主要优势是：提供的接口简单易用；应用的开发和运行都基于同样的平台且兼容问题较少；应用的可伸缩性、服务容量等问题由 PaaS 负责处理，不需要用户考虑；平台层提供的运营管理功能还能帮助开发人员对应用进行监控和计费。

谷歌公司的 Google App Engine 是典型的 PaaS 实例，它向用户提供 Web 应用开发平台。由于 Google App Engine 对 Web 应用无状态的计算和有状态的存储进行了有效的分离，并对 Web 应用所使用的资源进行了严格的分配，因此该平台具有很好的自动可伸缩性和较高的可用性。

3. 软件即服务

软件即服务（SaaS）交付给用户的是定制化的软件（或应用），即软件提供方根据用户的需求，将软件通过租用的方式提供给用户。

SaaS 的主要特征如下。

（1）用户不需要在本地安装软件的副本，也不需要维护相应的硬件资源，软件部署并运行在提供方自有的环境或第三方环境中。

（2）软件以服务的形式通过网络交付给用户，用户只需要打开浏览器或某种客户端工具就可以使用服务。

（3）虽然软件面向多个用户，但每个用户都会有独自占有服务的感觉。

Salesforce 公司是 SaaS 的倡导者，它面向企业用户推出了在线客户关系管理软件 Salesforce CRM，已经获得了非常良好的市场反响。谷歌公司的 Gmail 和 Google Docs 等也是典型的 SaaS 实例。

4.6.4　云计算与物联网

云平台可以屏蔽来自异构多源的感知信息的差异性，可以为上层应用平台提供统一的、个性化的、智慧的综合信息服务。从物联网后端的信息基础设施来看，物联网可以被看作一个基于互联网的、以提高物理世界的运行/管理/资源使用效率等为目标的大规模信息系统。由于物联网前端的感知层在对物理世界的感应方面具有高度并发的特性，而且会产生大量能够引发后端信息基础设施深度互联和跨域协作需求的事件，因而使物联网具有以下性质。

（1）不可预见性。对物理世界的感知具有实时性，因此会产生大量不可预见的事件，需要应对大量即时协同的情况。

（2）涌现智能。对诸多单一物联网应用的集成能够提升对物理世界综合管理的水平，物联网后端的信息基础设施是产生放大效应的源泉。

（3）多维度动态变化。对物理世界的感知往往具有多个维度，并且是不断动态变化的，从而要求物联网后端的信息基础设施具有更高的适应能力。

（4）大数据量和实效性。物联网中涉及的传感信息具有大数据量、实效性等特征，给物联网后端信息处理带来诸多的挑战。

云计算平台可通过物理资源虚拟化技术，使在平台上运行的不同行业应用及同一行业应用的不同用户间的资源（存储、CPU 等）能够实现共享，不必为每个用户都分配一个固定的存储空间，所有用户共用一个跨物理存储设备的虚拟存储池；能够实现资源需求的弹性伸缩，可在单个用户的存储资源耗尽时，动态地从虚拟存储池中分配存储资源，从而用最少的资源满足用户需求，在降低运营成本的同时，提升服务质量；能够通过服务器集群技术将一组服务器关联起来，使它们看起来如同一台服务器，从而改善平台的整体性能和可用性。

云平台是物联网应用的核心，可实现网络节点的配置和控制、数据的采集和计算功能，在实现上可以采用分布式存储技术、分布式计算技术，实现对海量数据的分析处理，从而满足大数据量和实时性要求非常高的数据处理需求。物联网应用架构在云计算之上，既能降低初期成本，又可解决未来物联网规模化发展过程中对海量数据的存储、计算问题。

实时感应、高度并发、自主协同和涌现效应等特征决定了物联网后端信息基础设施应该具备的基本能力，我们需要有针对性地研究物联网特定的应用集成问题、体系结构及标准规范，特别是由大量高并发事件驱动的应用自动关联和智能协作等问题。另外，云计算的 IaaS、PaaS 和 SaaS 的策略符合服务互联的思想，在 IaaS、PaaS 和 SaaS 的基础上，随着信息基础设施的发展，计算的重要性将越发重要。针对物联网需求特征的优化策略、优化方法和涌现智能也将更多地以服务组合的形式体现，并形成物联网服务的新形态。因此，云计算作为物联网应用的重要支撑，将伴随着物联网应用的逐步推进而不断发展。

4.6.5 雾计算

在云计算模式下，数据处理的核心在云服务器中，在数据端采集到数据往往需要通过网络传输给主云端进行分析处理，这样就有可能产生过大的网络流量负载，同时网络延迟或网络中断也会影响云计算的效率和有效性。因此，研究人员针对上述问题，在云计算的边缘赋能，增加边缘的计算处理能力，引入了雾计算的概念。

“雾计算”（Fog Computing）最初是由美国哥伦比亚大学的斯特尔佛教授在 2011 年为了利用“雾”来阻挡黑客入侵而提出的一个概念。美国思科公司于 2012 年正式引用该概念，用以增强云计算的健壮性与自治性。

在云计算环境下，我们理解的雾计算是一种面向物联网的分布式计算基础设施，它可将计算能力和数据分析应用扩展至网络的“边缘”，使终端使用者能够在本地进行一部分数据分析和管理工作，并通过链接获得即时的计算处理结果。

雾计算是对云计算概念的延伸，主要使用的是边缘网络中的设备，数据传递具有极低的时延。雾计算可在具有大量网络节点的大规模传感网中实现，并且移动性好，手机和其他移动设备可以互相通信，信号不必到云端甚至到基站中“绕一圈”。

雾计算模式基本架构如图 4-22 所示。

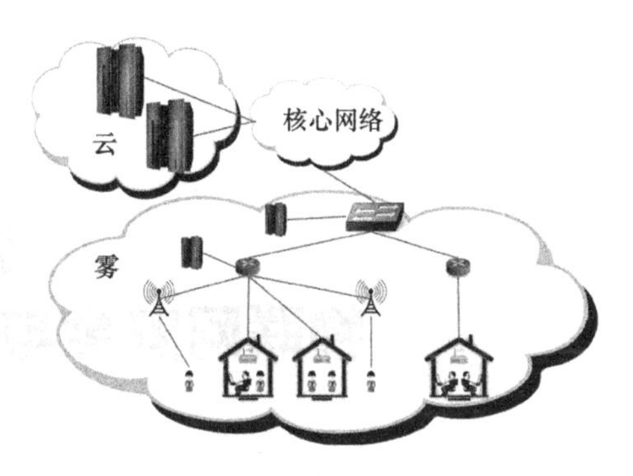

图 4-22　雾计算模式基本架构

第 5 章

物联网安全与标准体系

5.1 安全与隐私保护

物联网的发展已经开始加速，对安全的需求日益迫切，我们需要考虑如何为物联网提供端到端的安全保护。

对于物联网的安全性，主要有 8 个度量：读取控制、隐私保护、用户认证、不可抵赖、数据保密、通信层安全、数据完整和随时可用，其中前 4 个主要针对物联网的应用层，后 4 个主要针对传输层和感知层。

从互联网的虚拟空间到物联网的多维空间，物联网除了要应对移动通信网络的传统网络安全问题，还要应对一些特有的安全问题。

物联网特有的安全问题如下。

（1）Skimming：在末端设备或 RFID 持卡人不知情的情况下，信息被读取。

（2）Eavesdropping：在通信通道中，信息被中途截取。

（3）Spoofing：伪造、复制设备数据并冒名将信息输入系统中。

（4）Cloning：克隆末端设备并冒名顶替。

（5）Killing：损坏或盗走末端设备。

（6）Jamming：伪造数据，造成设备阻塞不可用。

（7）Shielding：用机械手段屏蔽电信号，使末端无法连接。

海量的现实世界信息自动进入网络，一切都将越来越“透明”，信息管理的权限设定涉及基本的法律问题，甚至道德伦理问题，物联网的发展会改变人们对隐私的理解，所以个人隐私也是物联网应用尤其要重视的安全

问题。ITU 在 *Internet Reports 2005：The Internet of Things* 中指出，在物联网环境下，隐私保护问题涉及技术问题、法律法规问题、经济与市场问题、社会与道德问题，让用户接受物联网的最大挑战是对私人数据安全性的保障，这是广泛而又特殊的。不可见且持续的数据在人与人、人与物、物与物之间的交换对使用者和持有者而言都可能是不可知的。物联网中的隐私保护问题如图 5-1 所示。

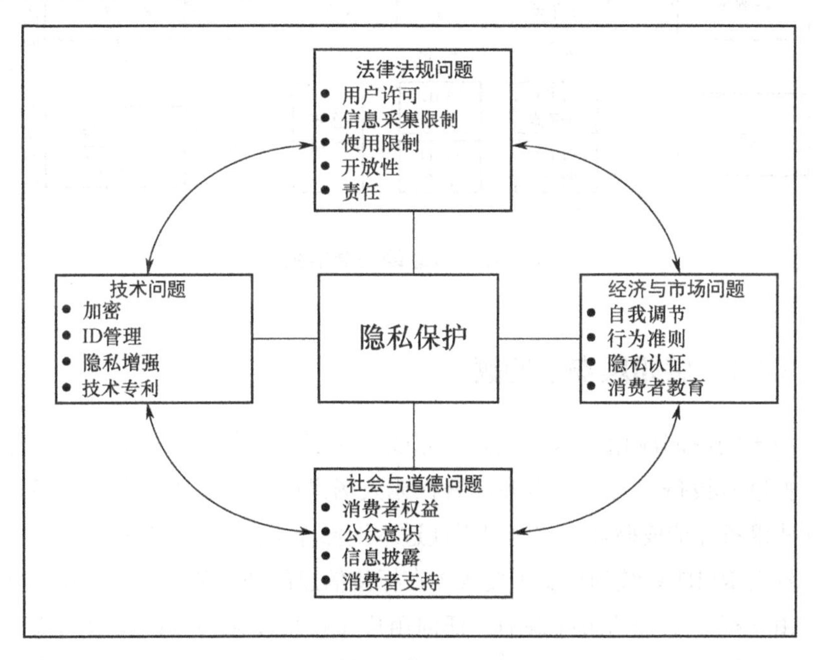

图 5-1　物联网中的隐私保护问题

物联网是信息技术发展到一定阶段的产物，是全球信息产业的又一次科技与经济浪潮，它将影响许多重大技术的创新和产业的发展，受到了各国政府、企业和科研机构的高度重视，已上升到国家战略层面。同时，物联网的信息安全问题是关系物联网产业能否安全可持续发展的核心技术之一，必须高度重视。如何建立合理的物联网安全架构和安全体系对物联网的安全使用和可持续发展有重大影响。

物联网的基本安全问题分别反映在应用层、传输层和感知层，如图 5-2 所示。

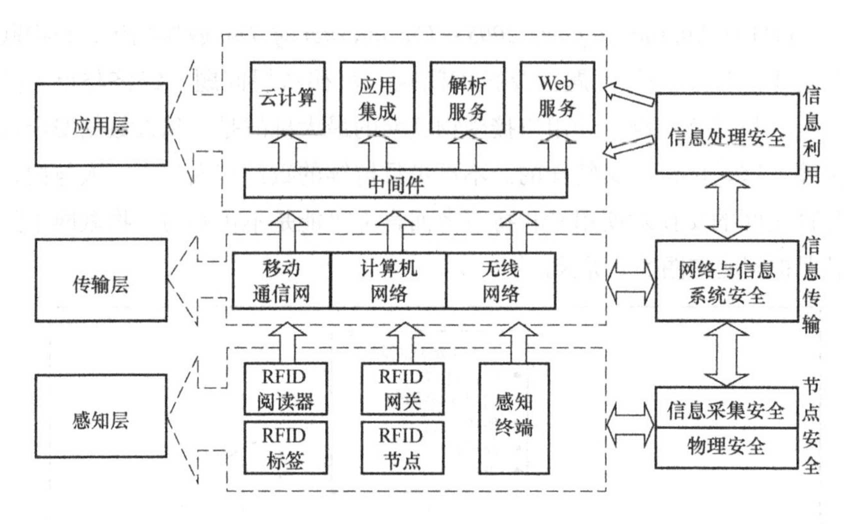

图 5-2　物联网安全结构

5.1.1　感知层安全问题

由于物联网应用可以替代人来完成一些复杂、危险和机械性的工作，所以物联网设备、感知节点多部署在无人场景中。因此攻击者能轻易接触到这些设备并造成破坏，甚至可以通过本地操作更换机器的软硬件。

针对 RFID 系统的攻击主要集中在标签信息的截获和对这些信息的破解上。由于标签本身的访问缺陷，任何用户（授权及未授权的用户）都可以通过合法的阅读器读取 RFID 标签信息；标签的可重写性使标签中数据的安全性、有效性和完整性得不到保证，攻击者可以通过伪造等方式对 RFID 系统进行非授权使用；在标签和阅读器之间还可能存在假冒和非授权服务访问的问题。目前的 RFID 加密机制所提供的保护还不能让人完全放心。如果一个 RFID 芯片设计不良或没有受到保护，攻击者就会有很多手段可以获取芯片的内部结构和数据。另外，RFID 本身的技术特性也无法满足 RFID 系统的安全需求。

在感知终端中，感知节点通常功能简单，只拥有简单的安全保护能力，而感知网络多种多样，从温度测量到水温监控、从道路导航到自动控制，数据传输和消息传递也没有统一的标准，所以没办法提供统一的安全保护机制。

传感器网络的安全问题分别表现在物理层、链路层、网络层和应用层。物理层的安全问题有物理破坏和信道阻塞等；链路层易受到的攻击有碰撞攻击、反馈伪造攻击、耗尽攻击等；网络层易受到的攻击有路由攻击、虫洞攻击、女巫攻击、陷洞攻击和 Hello 洪泛攻击等；应用层的安全问题有去同步和拒绝服务流等。

5.1.2　传输层安全问题

通常来说，核心网络具有相对完整的保护能力，但是由于物联网中节点数量庞大且以集群方式存在，因此在数据传输的过程中，大量数据的传送会使网络发生拥塞，产生拒绝服务攻击。此外，目前通信网络的安全架构大都是从人与人通信的角度设计的，并不完全适用于设备与设备之间的自主通信，使用现有的安全架构可能会割裂物联网设备之间的逻辑关系。一般来讲，物联网传输层的安全问题主要有两类：一类是来自物联网自身架构、接入方式和各种设备的安全问题，另一类是在进行数据传输时的网络安全问题。

另外，物联网中的信息传输要依靠移动通信网络，在移动通信网络中，移动站与固定网络端之间的所有通信都是通过无线接口来实现的。然而无线接口是开放的，任何使用无线设备的个体均可以窃听在无线信道中传输的信息，甚至可以修改、插入、删除或重传消息，达到假冒移动用户身份以欺骗网络端的目的。因此，在这一层面，存在严重的无线窃听、身份假冒和数据篡改等不安全因素。

5.1.3　应用层安全问题

物联网应用层的主要工作是数据管理、数据处理、数据与应用的结合。物联网中间件是一种独立的系统软件（或服务程序），它可将许多公用的能力（包括通信管理能力、设备控制能力及定位能力等）统一封装并提供给物联网应用。

物联网应用是信息技术与行业技术紧密结合的产物。物联网应用层充分体现了物联网智能处理的特点，涉及业务管理、中间件、数据挖掘等技术。由于物联网涉及多领域、多行业，因此广域范围的海量数据信息处理和业务控制策略在安全性和可靠性方面面临巨大挑战，业务控制、管理和认证机制、中间件及隐私保护等安全问题显得尤为突出。

中间件的特点是其固化了很多通用功能，但在具体应用中，需要通过二次开发来满足个性化的行业需求。显然，中间件的安全性直接影响应用层的安全性。

云计算允许通过虚拟技术使单个服务器承载多个虚拟服务器及多个客户的数据，同时，越来越多的云服务被用于关键业务。事实上，在云环境下，云计算中的身份验证机制并不是十分完善的，云标准尚未真正形成，云端如何为客户端提供可信安全机制是不透明的，访问机制的便利性也带来了风险；在一定程度上，个体存储在云端的数据是不可控的，数据迁移过程也是不可知的。这些问题带来了新的安全性挑战。

5.1.4 物联网安全对策

物联网和互联网一样，也是一把“双刃剑”。物联网是一种虚拟网络与现实世界实时交互的系统，其特点是无处不在的数据感知、以无线为主的信息传输、智能化的信息处理。物联网技术的推广和运用能显著提高经济和社会运行效率，但由于物联网在很多场合中都需要依靠无线传输，使得公开场所中的信号很容易被窃取，也容易被干扰，这将直接影响物联网体系的安全性。物联网规模大、与人类社会的联系紧密，一旦受到病毒攻击，很可能出现世界范围内的工厂停产、商店停业、交通瘫痪，影响巨大。

物联网安全技术的特点主要体现在可跟踪性、可监控性和可连接性三个方面。

（1）可跟踪性。可跟踪性是指在任何时刻，与物联网相连的物品的精确位置（甚至其周围环境）是可知的。如在物流领域中，通过使用 RFID 技术，在货物和车辆中嵌入电子标签，然后利用路边的定点阅读器读写信息，再通过通信卫星将信息传送给调度中心，动态跟踪整个运输过程。这样可以防止运输货物丢失，保证运输安全。

（2）可监控性。可监控性是指物联网可以实现对人或物的监控与保护。以医疗系统中的健康监测为例，健康监测系统可以对人体状况进行监控，将各项数据传送到各种通信终端上，使医生可以随时了解患者的身体状况。

（3）可连接性。可连接性是指物联网通过与移动通信技术的结合，可实现对物品的控制及与物品的兼容。例如，在汽车及其钥匙上植入微型感

应器，可及时发现饮酒驾车的情况。当饮酒驾驶人拿出汽车钥匙时，植入钥匙中的气味感应器就会察觉到驾驶人身上的酒味，然后发射无线信号让汽车“不要发动”，并通过驾驶人绑定的手机给指定联系人发送短信，通知他们驾驶人的位置，让指定联系人来处理。

解决物联网安全问题的主要技术和策略有密码技术、物联网信息安全控制技术、物联网信息安全防范技术、容侵防御策略等。

1. 密码技术

密码技术用以解决信息的保密问题，由明文、密文、算法和密钥 4 个要素构成。明文就是原始信息，密文就是明文经加密处理的信息，算法是明文与密文之间变换的法则，密钥是控制算法实现的关键信息。

密码技术的核心是算法和密钥。算法通常是一些公式、法则或运算关系；密钥可看作算法中的可变参数，改变了密钥也就改变了明文与密文之间对应的数据关系。加密过程是指通过密钥把明文变成密文，解密过程则是指通过密钥把密文恢复成明文。按算法所用加密、解密密钥是否相同，密码体制可分为对称密码体制和非对称密码体制。

密钥产生的关键是随机性，要尽可能用客观的、物理的方法产生密钥，尽可能用完备的统计方法检验密钥的随机性，使不随机密钥序列的出现概率最小。密钥必须通过最安全的通路进行分配，随着用户的增多和通信量的增大，密钥的安全性会逐渐降低，因此需要运用密钥自动分配机制定期更换密钥。密钥的注入可以通过键盘、磁卡和磁条等，在密钥的注入过程中，不允许存在任何可能导致密钥泄露的残留信息。在密钥产生后需要以密文形式存储密钥，密钥存储方式有两种：一种是将密钥存储在密码装置中，这种方式需要大量存储空间和频繁更换密钥，实际操作过程十分烦琐；另一种是运用一个主密钥来保护其他密钥，即将主密钥存储在密码中，而将数量相当多的数据加密存储在限制访问权限的密钥表中，这样既保证了密钥的安全性和保密性，又利于密钥的管理。

2. 物联网信息安全控制技术

物联网信息安全控制技术主要包括数字签名、鉴别技术和访问控制技术等。

1）数字签名

书信或文件一般根据亲笔签名或印章来证明其来源的正确性，而在物联网中传递的信息要通过数字签名来验证其来源的正确性。数字签名必须保证接收者能核实发送者对报文的签名，发送者事后不能抵赖，接收者不能伪造对报文的签名。

目前，实现数字签名的方法主要有三种：一是使用公开密钥技术，二是利用传统密码技术，三是通过单向检验和函数进行压缩签名。1991 年，美国颁布了数字签名标准 DSS。DSS 的安全性基础是离散对数问题的困难性。数字签名一方面可以证明这条信息确实是信息发送者发出的，而且事后没有经过他人改动（因为只有发送者知道自己的私人密钥）；另一方面也能够确保发送者对自己发出的信息负责，信息一旦发出且签名，发送者就无法再否认这一事实了。

2）鉴别技术

鉴别技术用于证明交换过程的合法性、有效性及所交换信息的真实性，可以防止对信息进行有意篡改的主动攻击，常用的方法主要有报文鉴别和身份鉴别。

（1）报文鉴别。在对报文内容进行鉴别时，信息发送者在报文中加入一个鉴别码并在加密后提供给接收者检验。信息接收者利用约定的算法，对报文进行解密，将得到的鉴别码与接收到的鉴别码进行比较，如果相符，则该报文正确，否则说明该报文在传送过程中已经被改动了。

（2）身份鉴别。身份鉴别是指对用户能否使用物联网某个应用系统的判定，包括识别与验证。识别是为了确认“谁请求进入系统”；验证是在进入者回答相关问题后，系统对其身份进行真伪鉴别。没有验证，鉴别就没有可靠性。令牌（Token）是一种可以插入阅读器的物理钥匙或磁卡，使用者在注册时通过验证令牌来获得对计算机的访问权。还有一种利用个体属性进行生物测量的鉴别方法，利用人身体独特的生理特性来确定用户的真实性。

3）访问控制技术

访问控制技术是指确定合法用户对物联网系统资源的权限，以防止非法用户入侵和合法用户使用非权限内的资源。实施访问控制是维护系统安全运行、保护系统信息的重要技术手段。访问控制技术包括网络的访问控制技术、服务器的访问控制技术、计算机的访问控制技术和数据文件的访

问控制技术等。

访问控制技术的作用是：保障存储在系统内的信息的机密性，维护系统内信息的完整性，实现基于权限的访问机制等。访问控制的过程可以用审计的方法进行记录，审计是指记录用户在使用某一应用系统时的所有活动，在计算机的安全控制方面有重要作用。

3．物联网信息安全防范技术

针对物联网信息安全防范工作的相关技术主要有信息泄露防护技术、防火墙技术和病毒防范技术等。

1）信息泄露防护技术

在物联网应用环境中，信息的泄露为攻击者篡改标志数据提供了可乘之机。攻击者一方面可以通过破坏标签数据，使物品服务不可使用；另一方面可以通过窃取标志数据，获得相关服务或为进一步攻击做准备。瞬时电磁脉冲辐射标准（TEMPEST）是一种关于抑制电子系统非预期的电磁辐射，保证信息不泄露的标准。TEMPEST 的综合性很强，涉及信息的分析、预测、接收、识别、复原、测试、防护和安全评估等。针对物联网设备电磁辐射的防护，设备级防护和系统级防护是两种有效的技术途径。

2）防火墙技术

防火墙技术是一种用途广泛的网络安全技术，防火墙是设置在被保护网络和外部网络之间的一道屏障，能够防止不可预测的、潜在的恶意入侵；可以通过监测、限制、更改跨越防火墙的数据流，尽可能地对外部屏蔽被保护网络的信息、结构和运行情况等，防止外部的未授权访问，从而实现对网络信息的安全保护。防火墙的职责就是根据预定的安全策略，对在外部网络和内部网络之间传输的数据进行检查，对符合安全策略的数据“予以放行”，将不符合安全策略的数据“拒之门外”。

从技术原理考虑，防火墙技术包括网络级防火墙（也称为包过滤型防火墙）、应用级网关、电路级网关和规则检查防火墙。

（1）网络级防火墙。网络级防火墙基于源地址和目的地址、应用、协议及每个 IP 包的端口做出通过与否的判断。“传统”的网络级防火墙大多由路由器构成，这些路由器能够通过检查信息来决定是否转发接收到的包，但不能判断出包“来自何方、去向何处”。防火墙检查每条规则直至发现包

中的信息与某条规则相符，如果没有相符的规则，防火墙就会使用默认规则，即丢弃该包。

（2）应用级网关。应用级网关能够检查进出网关的数据包，通过网关复制传递数据，防止受信任的服务器或客户机与不受信任的主机直接建立联系。应用级网关能够理解应用层上的协议，实施复杂的访问控制，对数据包进行分析并形成相应的报告。应用级网关能够对某些易于登录和控制所有输出/输入的通信环境进行严格的控制，从而防止有价值的程序和数据被窃取，这一点是非常适用于物联网应用场景的。

（3）电路级网关。电路级网关通过监控受信任的客户机或服务器与不受信任的主机间的 TCP 握手信息来确定会话（Session）是否合法。电路级网关能提供一个重要的安全功能，即代理服务器（Proxy Server）。代理服务器设置在互联网防火墙网关内，准许网络管理员允许或拒绝特定的应用程序或某个应用的特定功能。另外，代理服务还可用于实现较强的数据流监控、过滤、记录和报告等功能。

（4）规则检查防火墙。规则检查防火墙综合了网络级防火墙、应用级网关和电路级网关的特点。同网络级防火墙一样，规则检查防火墙能够在 OSI 网络层上基于 IP 地址和端口号过滤进出的数据包；同应用级网关一样，规则检查防火墙可以在 OSI 应用层上检查数据包的内容，查看这些内容是否符合企业网络的安全规则；同电路级网关一样，规则检查防火墙能够检查 SYN 和 ACK 标记和序列数字是否逻辑有序。规则检查防火墙的不同之处在于，它允许受信任的客户机和不受信任的主机建立直接连接。规则检查防火墙不依赖与应用层有关的代理，而利用某种算法来识别进出的应用层数据，这些算法在已知合法数据包的基础上比较进出数据包，理论上比应用级网关在过滤数据包方面更加有效。

值得注意的是，虽然防火墙能够加强物联网应用内部的安全性，但会使内部网络与外部网络的信息交流受到阻碍。此外，防火墙只能防御来自外部网络的侵扰，无法解决内部的篡改和冒名顶替问题，也就是说，防火墙不能解决内部的安全问题。

3）病毒防范技术

计算机病毒每时每刻都在攻击计算机系统，威胁计算机信息安全，是阻碍物联网发展的一个重要因素。从技术上讲，对计算机病毒的防范可通过如下途径进行：一是在服务器上安装杀毒软件；二是在终端机上安装杀

毒软件；三是在网络接口处安装防毒墙。但是，对物联网应用场景来说，在服务器上安装杀毒软件是可行的，而在所有终端机上安装杀毒软件却是无法实现的。物联网提供泛在的设备接入，无法保证每台接入的设备都达到病毒防范要求。病毒的技术防范属于被动防御型措施，需要遵循“防杀结合，以防为主，以杀为辅，软硬互补，标本兼治”的原则，从管理等方面着手，严格规范各项规章制度。

4．容侵防御策略

无线传感器网络中容侵路由协议的设计思想是在路由中加入容侵防御策略。容侵防御策略的加入可以增加网络的健壮性，使网络具有一定的对抗攻击能力和自我修复能力，使网络在遭受一定程度的攻击时仍然能够正常工作，还能有效降低网络受破坏的程度。例如，在通信路由初始化时，可建立多路径，由基站控制路由的刷新并提供单向认证，那么，当要求修改路由协议时，就可以通过容侵防御策略来构建新的路由。

几种常见的容侵防御策略如下。

（1）用多路径路由选择方法抵御选择性转发攻击。即使在对陷洞、虫洞和女巫攻击能完全抵御的协议里，如果被损害的节点在策略上与一个基站相似，它就有可能发动一次选择性转发攻击。多路径路由选择可用来抵御这类攻击，但是完全不相交的路径是很难创建的。利用多路径路由选择方法，允许节点动态地选择一个分组的下一个跳点，能够更进一步地减少入侵者控制数据流的机会，从而可以提供更为有效的保护。

（2）在路由设计中加入广播半径以限制抵御洪泛攻击。基于距离向量路由算法及网络分级管理策略都涉及广播半径限制，即对每个节点都限制一个数据发送半径，使节点只能向落在这个半径区域内的其他节点发送数据，而不能向整个网络广播，这样就把节点的广播范围限制在一定的区域内。在具体实现时，可以通过设置节点最大广播半径 R_{max} 的参数来制定路由机制。广播半径限制能够避免由恶意攻击者在整个网络区域内不断发送数据包而导致的 DOS 和能源耗尽攻击的情况。这一策略可以对抗洪泛攻击，特别是 Hello 洪泛攻击。

（3）在路由设计中加入安全等级策略以抵御虫洞攻击和陷洞攻击。安全等级策略是指使用一个安全参数来衡量路由的安全级别。考虑物联网中能源的有限性，在路由设计中加入安全等级策略，由基站完成监听和检测任务，可使改进后的路由具有抵御虫洞攻击、陷洞攻击的能力。

（4）采用基于地理位置的路由选择协议来抵御虫洞攻击和陷洞攻击。相对来说，虫洞攻击比较难发现，因为它使用一条私有的、频带外的信道，下面的传感网是看不见的。抵御陷洞攻击的困难在于协议方面，因为它能利用被广播的信息创建一个路由选择协议，这些信息是很难证实的。基于地理位置的路由选择协议对这两类攻击具有较好的抵御能力。

5.1.5 物联网安全体系

为了推动物联网应用的可持续发展，必须构建一种适用于物联网应用环境的信息安全整体防护体系。这种体系一方面从物理安全、安全计算环境、安全区域边界、安全通信网络、安全管理中心、应急响应恢复与处置六个方面横向保护物联网；另一方面从边界、区域、节点、核心四个层次纵向保护物联网。

1. 物理安全

物理安全主要涉及物理访问控制、环境（监控系统、报警系统及防雷装置、防火装置、防水装置、防潮装置、静电消除器等）安全、电磁兼容性安全、记录介质安全、电源安全、EPC 设备安全等。

2. 安全计算环境

安全计算环境主要涉及感知节点身份鉴别、自主/强制/角色访问控制、授权管理（PKI/PMI 统）、感知节点安全防护（恶意节点、失效节点识别）、标签数据源可信、数据保密性和完整性、EPC 业务认证、系统安全审计等。

3. 安全区域边界

安全区域边界主要涉及节点控制（网络访问控制、节点设备认证）、信息安全交换（数据机密性与完整性、指令数据与内容数据分离、数据单向传输）、节点完整性（非法外联、非法入侵、恶意代码防范）、边界审计等。

4. 安全通信网络

安全通信网络主要涉及链路安全（物理专用或逻辑隔离）、传输安全（加密控制、消息摘要或数字签名）等。

5. 安全管理中心

安全管理中心主要涉及业务与系统管理（业务准入接入与控制、用户管理、资源配置、EPCIS 管理）、安全检测系统（入侵检测、违规检查、EPC 数字取证）、安全管理（EPC 策略管理、审计管理、授权管理、异常与报警管理）等。

6. 应急响应恢复与处置

应急响应恢复与处置主要涉及容灾备份、故障恢复、安全事件处理与分析/应急机制等。

网络系统可以依据保护对象的重要程度及防范范围，将整个保护对象在网络空间内划分为若干层次，在不同层次中采取不同的安全技术。物联网体系的防护范围可划分为边界防护、区域防护、节点防护、核心防护（也称为应用防护或内核防护）。

边界防护有两个层面的含义，一是物联网边界可以指单个应用的边界，即核心处理层与各感知节点之间的边界，如智慧家居中控制中心与室内洗衣机之间的边界，也可理解为传感网与互联网之间的边界；二是物联网边界也可以指不同应用之间的边界，如智能交通与智能电力之间的业务应用边界。

区域是比边界更小的范围，区域防护特指单个业务应用内的区域防护，如安全管理中心区域防护；节点防护一般要具体到一台服务器或某个感知节点，能够保护系统的健壮性，消除系统的安全漏洞等；核心防护可以是针对某个具体安全问题的技术防护，也可以是针对具体用户的防护，还可以是针对操作系统的内核防护，其抗攻击性最强，能够保证核心的安全。

5.2 标准体系

物联网是跨行业、跨领域、具有明显交叉学科特征、面向应用的信息基础设施，其标准需要各行业分工协作、密切配合。物联网标准应以应用为主导和牵引，需要通信行业的积极配合。为了满足跨行业、跨领域的应用需求，需要做好各行业的协调合作，保证各类标准相互衔接；为了做好信息获取、传输、处理、服务等环节标准的配套，需要确保网络架构层面互联互通。

对于任何技术，标准都是部署和推广的关键。几乎所有成功的商用技术都是通过一系列的标准化来实现对市场的渗透和占有的。技术标准是影响物联网产业快速、大规模发展的一个重要因素。从国际标准化组织来看，有从整体框架入手制定标准的，有从技术领域入手制定标准的，也有从业务层面入手制定标准的。我国发布的《物联网“十二五”发展规划》明确指出，要以构建物联网标准化体系为目标，依托各领域标准化组织、行业协会和产业联盟，重点支持共性关键技术标准和行业应用标准的研制，完善标准信息服务、认证、检测体系，推动一批具有自主知识产权的标准成为国际标准。

国内相关组织的标准进展情况和国际标准进展情况比较接近，在物联网方面，我国的标准具有较好的自主知识产权优势。物联网标准体系由物联网总体标准、物联网共性技术标准及行业物联网标准组成。

1. 物联网总体标准

物联网总体标准由基本类标准、物联网需求类标准、物联网架构类标准、物联网评估和测试类标准构成。

基本类标准包括物联网基本术语、物联网的总体参考模型、物联网标准指南等；物联网需求类标准包括物联网总体技术要求、物联网安全总体技术要求、物联网服务质量总体要求、物联网标志和解析总体要求；物联网架构类标准包括物联网系统总体架构、物联网安全总体架构、物联网标志和解析总体架构等；物联网评估和测试类标准包括物联网应用评估标准、物联网公共测试标准等。

2. 物联网共性技术标准

物联网共性技术标准包括信息感知技术类标准、信息传输技术类标准、信息开放技术类标准和信息处理技术类标准。物联网共性技术标准基于可重用于物联网应用的现有的各类信息通信技术标准，同时，各类信息

通信技术标准也在扩展面向物联网应用的相关内容。

3. 行业物联网标准

行业物联网标准遵循物联网总体标准和物联网共性技术标准的要求，面向行业应用需求，研制开发面向行业特有的技术、产品和应用的标准。行业物联网标准由公共服务和智能电网、智能交通、智慧医疗等行业的物联网标准构成，包括特定的行业应用和公共服务的感知标准、网络标准和应用标准。

第6章 物联网发展策略

6.1 总体规划

发展和推广物联网应用必须坚持三项基本原则：一是需要在国家层面开展顶层设计，各行业、各领域分工合作；二是各行业、各领域应突出自身优势，在满足自身需求的同时，为外界提供服务；三是各行各业、各领域应共同推进，推动整体发展。

物联网已成为当前世界新一轮经济和科技发展的战略制高点，发展物联网对于促进经济发展和社会进步具有重要的现实意义。《2006—2020年国家信息化发展战略》明确指出，我国信息化发展的战略方针是：统筹规划、资源共享，深化应用、务求实效，面向市场、立足创新，军民结合、安全可靠。要以科学发展观为统领，以改革开放为动力，努力实现网络、应用、技术和产业的良性互动，促进网络融合，实现资源优化配置和信息共享。要以需求为主导，充分发挥市场机制配置资源的基础性作用，探索成本低、实效好的信息化发展模式。要以人为本，惠及全民，创造广大群众用得上、用得起、用得好的信息化发展环境。要把制度创新与技术创新放在同等重要的位置，完善体制机制，推动原始创新，加强集成创新，增强引进消化吸收再创新能力。要推动军民结合，协调发展。要高度重视信息安全，正确处理安全与发展之间的关系，以安全保发展，在发展中求安全。

《2006—2020年国家信息化发展战略》确定，到2020年，我国信息化发展战略的目标是：综合信息基础设施基本普及，信息技术自主创新能力显著增强，信息产业结构全面优化，国家信息安全保障水平大幅提高，国

民经济和社会信息化取得明显成效，新型工业化发展模式初步确立，国家信息化发展的制度环境和政策体系基本完善，国民信息技术应用能力显著提高，为迈向信息社会奠定坚实基础。

这些基础工作已经为我们今天广泛推进物联网应用奠定了坚实的技术基础和发展平台。

为抓住机遇，明确方向，突出重点，加快培育和壮大物联网及应用，工业和信息化部根据《国民经济和社会发展第十二个五年规划纲要》和《国务院关于加快培育和发展战略性新兴产业的决定》制定了《物联网“十二五”发展规划》，规定了 2011—2015 年期间的发展原则。

（1）坚持市场导向与政府引导相结合。既要充分遵循市场经济规律，利用市场手段配置资源，面向市场需求发挥企业主体作用，又要注重政府调控引导，加强规划指导，加大政策支持力度，营造良好产业发展环境，促进产业快速健康发展。

（2）坚持全国统筹与区域发展相结合。做好顶层设计，进行统筹规划、系统布局、促进协调发展。同时，各地区根据自身基础与优势，明确发展方向和重点，大力培育特色产业集群，形成重点突出、优势互补的产业发展态势。

（3）坚持技术创新与培育产业相结合。着力推进原始创新，大力增强集成创新，加强引进消化吸收再创新，充分利用国内外两个市场两种资源，大力推动技术成果的产业化进程，形成以企业为主体、产学研用相结合的技术创新体系，发展培育壮大物联网产业。

（4）坚持示范带动与全面推进相结合。推动信息化与工业化深度融合，加快推进重点行业和重点领域的先导应用，逐步推进全社会、全行业的物联网规模化应用，形成重点覆盖、逐步渗透、全面推进的局面。从政策法规、标准规范、技术保障能力等多角度，全面提升物联网安全保障水平。

《物联网“十二五”发展规划》明确规定了到 2015 年我国物联网的发展目标，具体如下。

到 2015 年，我国要在核心技术研发与产业化、关键标准研究与制定、产业链条建立与完善、重大应用示范与推广等方面取得显著成效，初步形成创新驱动、应用牵引、协同发展、安全可控的物联网发展格局。

技术创新能力显著增强。攻克一批物联网核心关键技术，在感知、传输、处理、应用等技术领域取得 500 项以上重要研究成果；研究制定 200 项以上国家和行业标准；推动建设一批示范企业、重点实验室、工程中心等创新载体，为形成持续创新能力奠定基础。

初步完成产业体系构建。形成较为完善的物联网产业链，培育和发展 10 个产业聚集区，100 家以上骨干企业，一批“专、精、特、新”的中小企业，建设一批覆盖面广、支撑力强的公共服务平台，初步形成门类齐全、布局合理、结构优化的物联网产业体系。

应用规模与水平显著提升。在经济和社会发展领域广泛应用，在重点行业和重点领域应用水平明显提高，形成较为成熟的、可持续发展的运营模式，在九个重点领域完成一批应用示范工程，力争实现规模化应用。

工业和信息化部于 2016 年 12 月依据《国民经济和社会发展第十三个五年规划纲要》及《国务院关于推进物联网有序健康发展的指导意见》等相关文件，发布了《信息通信行业发展规划物联网分册（2016—2020 年）》，作为指导物联网产业五年发展的指导性文件，其确定的主要发展目标是：到 2020 年，具有国际竞争力的物联网产业体系基本形成，包含感知制造、网络传输、智能信息服务在内的总体产业规模突破 1.5 万亿元，智能信息服务的比重大幅提升。推进物联网感知设施规划布局，公众网络 M2M 连接数突破 17 亿个。物联网技术研发水平和创新能力显著提高，适应产业发展的标准体系初步形成，物联网规模应用不断拓展，泛在安全的物联网体系基本成形。

主要体现在以下五个方面。

（1）技术创新。产学研用结合的技术创新体系基本形成，企业研发投入不断加大，物联网架构、感知技术、操作系统和安全技术取得明显突破，网络通信领域与信息处理领域的关键技术达到国际先进水平，核心专利授权数量明显增加。

（2）标准完善。研究制定 200 项以上国家和行业标准，满足物联网规模应用和产业化需求的标准体系逐步完善，物联网基础共性标准、关键技术标准和重点应用标准基本确立，我国在物联网国际标准领域话语权逐步增大。

（3）应用推广。在工业制造和现代农业等行业领域、智慧家居和健康服务等消费领域推广一批集成应用解决方案，形成一批规模化特色应用。在智慧城市建设和管理领域形成跨领域的数据开放和共享机制，发展物联网开环应用。

（4）产业升级。打造 10 个具有特色的产业集聚区，培育和发展 200 家左右产值超过 10 亿元的骨干企业，以及一批“专精特新”的中小企业和创新载体，建设一批覆盖面广、支撑力强的公共服务平台，构建具有国际竞争力的产业体系。

（5）安全保障。在物联网核心安全技术、专用安全产品研发方面取得重要突破，制定一批国家和行业标准。物联网安全测评、风险评估、安全防范、应急响应等机制基本建立，物联网基础设施、重大系统、重要信息的安保能力大大增强。

当前物联网已进入万物互联发展的新阶段，智能可穿戴设备、智能家电、智能网联汽车、智能机器人等数以万亿计的新设备接入网络，形成海量数据，应用呈现爆发式增长，促进了生产生活和社会管理方式进一步向智能化、精细化、网络化方向转变，经济社会发展更加智能、高效。第五代移动通信技术（5G 技术）、窄带物联网（NB-IoT）等新技术为万物互联提供了强大的基础设施支撑能力。万物互联的泛在接入、高效传输、海量异构信息处理和设备智能控制，以及由此引发的安全问题等，都对物联网技术的发展和应用提出了更高的要求，应用需求全面升级。

物联网万亿级的垂直行业市场正不断兴起。制造业成为物联网的重要应用领域，我国提出建设制造强国、网络强国，推进供给侧结构性改革，以信息物理系统为代表的物联网智能信息技术将在制造业智能化、网络化、服务化等转型升级方面发挥重要作用。车联网、健康、家居、智能硬件、可穿戴设备等消费市场需求越来越活跃，驱动物联网和其他前沿技术不断融合，人工智能、虚拟现实、自动驾驶、智能机器人等技术也不断成熟。智慧城市建设已成为全球热点，而物联网是智慧城市架构中的基本要素和模块单元，已成为实现智慧城市“自动感知、快速反应、科学决策”的关键基础设施和重要支撑。

6.2　政府引导

物联网应用涉及国民经济的各领域，政府的调控与引导作用十分重要。地方政府要以抢占产业制高点为目标，以创新驱动为核心，以应用服务为先导，以示范工程为依托，以产业基地和骨干企业为抓手，有效整合全产业链资源，攻克一批关键核心技术，研发一批重点产品，落地一批典型应用服务，打造一批龙头骨干企业，聚集一批产业领军人才，不断巩固和拓展先发优势，建设物联网产业高地，形成创新驱动、应用牵引、协同发展、安全可控的发展格局。为此，我们梳理了国家发布的有关物联网的产业政策，从顶层设计的角度研究物联网产业的发展。

以物联网为代表的战略性新兴产业，已成为我国大力扶持和发展的七大战略性行业之一。

2013 年 2 月，国务院发布了《国家重大科技基础设施建设中长期规划（2012—2030 年）》，指出三网融合、云计算和物联网发展对现有互联网的可扩展性、安全性、移动性、能耗和服务质量都提出了巨大挑战，基于 TCP/IP 协议的互联网依靠增加带宽和渐进式改进已经无法满足未来发展的需求。为突破未来网络基础理论和支撑新一代互联网实验，建设未来网络试验设施，主要包括：原创性网络设备系统，资源监控管理系统，涵盖云计算服务、物联网应用、空间信息网络仿真、网络信息安全、高性能集成电路验证以及量子通信网络等开放式网络试验系统。

2014 年 5 月，工业和信息化部办公厅正式发布了《工业和信息化部 2014 年物联网工作要点》，从突破核心关键技术、推进应用示范和培育龙头骨干企业等多方面进行了任务细分，并提出了支持政策。

2015 年 1 月，《国务院关于促进云计算创新发展培育信息产业新业态的意见》发布，该文件指出：云计算是推动信息技术能力实现按需供给、促进信息技术和数据资源充分利用的全新业态，是信息化发展的重大变革和必然趋势。发展云计算，有利于分享信息知识和创新资源，降低全社会创业成本，培育形成新产业和新消费热点，对稳增长、调结构、惠民生和建设创新型国家具有重要意义。

2020 年 9 月 29 日，工业和信息化部科技司发布工科函〔2020〕1142 号文件，按照工业和信息化部关于开展“十三五”规划实施总结评估工作总体要求，为全面总结评估《信息通信行业发展规划物联网分册（2016—2020 年）》的实施情况与效果，对各地物联网产业发展情况和贯彻落实《物联网规划》相关工作进展成效进行调研梳理。

在我国物联网的建设进程中，我们要推进物联网在经济社会重要领域的规模应用，突破一批核心技术，培育一批创新型中小企业，打造较完善的物联网产业链，初步形成满足物联网规模应用和产业化需求的标准体系，并建立健全物联网安全测评、风险评估、安全防范、应急处置等机制。

从国家战略性新兴产业的角度考虑，物联网研究与应用的主要任务包括如下几个方面。

6.2.1　大力攻克核心技术

需要集中多方资源，协同开展重大技术攻关和应用集成创新，尽快突破核心关键技术，形成完善的物联网技术体系。

具体的研发工作如下。

1．提升感知技术水平

重点支持超高频和微波 RFID 标签、智能传感器、嵌入式软件的研发，支持基于 MEMS 的传感器等关键设备的研制，推动二维码解码芯片研究。

2．推进传输技术突破

重点支持适用于物联网的新型近距离无线通信技术和传感器节点的研发，支持对自感知、自配置、自修复、自管理的传感网组网技术和管理技术的研究，推动适用于固定、移动、有线、无线的多层次物联网组网技术的研究。

3．加强处理技术研究

重点支持适用于物联网的海量信息存储和处理及数据挖掘、图像视频智能分析等技术的研究，支持数据库、系统软件、中间件等的开发，推动对软硬件操作界面基础软件的研究。

4．巩固共性技术基础

重点支持物联网核心芯片及传感器微型化制造、物联网信息安全等技术的研发，支持用于传感器节点的高效能微电源和能量获取、标志与寻址等技术的开发，推动频谱与干扰分析等技术的研究。

5．协调发展相关支撑技术

从整体来看，物联网、云计算和大数据这三者是相辅相成的。物联网传感器不断产生的大量数据构成了大数据的重要来源；大数据分析处理能

够得出潜在的规律与新知识，为物联网服务提供更高层次的应用价值；云计算的分布式数据存储和管理系统提供了海量数据的存储与管理能力、海量数据分析能力，为大数据计算提供了必要支撑。物联网、云计算和大数据已经彼此渗透、相互融合，在很多应用场合中都可以同时看到三者的身影。未来，只有物联网、云计算、大数据相互支持、共同发展，才能更好地服务社会生产和生活的各领域。

6.2.2 加快构建标准体系

按照统筹规划、分工协作、保障重点、急用先行的原则，建立高效的标准协调机制，积极推动自主技术标准的国际化，逐步完善物联网标准体系。

具体的研发工作如下。

1. 加速完成标准体系框架的建设

全面梳理感知技术、网络通信、应用服务及安全保障等领域的国内外相关标准，做好整体布局和顶层设计，加快构建层次分明的物联网标准体系框架，明确我国物联网发展的重点标准。

2. 积极推进共性和关键技术标准的研制

重点支持物联网系统架构等总体标准的研究，加快制定物联网标志和解析、应用接口、数据格式、信息安全、网络管理等基础共性标准，大力推进智能传感器、超高频和微波 RFID、传感网、M2M、服务支撑等关键技术标准的制定工作。

3. 大力开展重点行业应用标准的研制

面向重点行业需求，依托重点领域应用示范工程，形成以应用示范带动标准研制和推广的机制，做好物联网相关行业标准的研究，形成一系列具有推广价值的应用标准。

6.2.3 协调推进产业发展

以形成和完善物联网产业链为目标，引入多元化的竞争机制，协调发展与物联网紧密相关的制造业、通信业与应用服务业。重点突破感知制造业发展瓶颈，推进物联网通信业发展，加快培育应用服务业，形成产业链上下游联动、协调可持续的发展格局。

具体的研发工作如下。

1. 重点发展物联网感知制造业

重点发展与物联网感知功能密切相关的制造业。推动传感器/节点/网关、RFID 等核心制造业高端化发展，推动仪器仪表、嵌入式系统等配套产业能力的提升，推动微纳器件、集成电路、微能源、新材料等产业的发展和壮大。

2. 积极支持物联网通信业

支持与物联网通信功能紧密相关的制造、运营等产业。推动近距离无线通信芯片与终端制造产业的发展，推动 M2M 终端、通信模块、网关等产品制造能力的提升，推动基于 M2M 等的运营服务业的发展，推进高带宽、大容量、超高速有线/无线通信网络设备制造业与物联网应用的融合。

3. 着力培育物联网服务业

鼓励运营模式创新，大力发展有利于扩大市场需求的专业服务、增值服务等服务新业态。着力培育海量数据存储、处理与决策等基础设施服务业，推进操作系统、数据库、中间件、应用软件、嵌入式软件、系统集成软件等软件开发与集成服务业发展，推动由物联网应用创造和衍生出的独特市场的快速发展。

6.2.4 着力培育骨干企业

重点培育一批影响力大、带动性强的大企业；营造企业发展环境，采取灵活多样的模式，做好一批“专、精、特、新”中小企业的孵化和扶持工作；加强产业联盟建设，逐步形成门类齐全、协同发展、影响力强的产业体系。

引导企业间通过联合并购、品牌经营、虚拟经营等方式形成大型的物联网企业或企业联合体，提高产业集中度。在传感器、核心芯片、传感器节点、操作系统、数据库软件、中间件、应用软件、嵌入式软件、系统集成、传感器网关及信息通信网、信息服务、智能控制等领域打造一批品牌企业。

6.2.5 积极开展应用示范

面向经济社会发展的重大战略需求，以重点行业和重点领域的先导应用为引领，注重自主技术和产品的应用，开展应用模式的创新，攻克一批关键技术，形成通用、标准、自主可控的应用平台，加快形成市场化运作机制，促进应用、技术、产业的协调发展。

具体的研发工作如下。

1. 开展经济运行中重点行业应用示范

重点支持物联网在工业、农业、流通业等领域的应用示范。通过物联网技术进行传统行业的升级改造，提升生产和经营运行效率，提升产品质量、技术含量和附加值，促进精细化管理，推动落实节能减排，强化安全保障能力。

2. 开展面向基础设施和安全保障领域的应用示范

重点支持交通、电力、环保等领域的物联网应用示范工程，推动物联网在重大基础设施管理、运营维护方面的应用模式创新，提升重大基础设施的监测管理与安全保障能力，提升对重大突发事件的应急处置能力。

3. 开展面向社会管理和民生服务领域的应用示范

重点支持公共安全、医疗卫生、智慧家居等领域的物联网应用示范工程。发挥物联网技术优势，提升人民生活质量和社会公共管理水平，推动面向民生服务领域的应用创新。

6.2.6 合理规划区域布局

充分尊重市场规律，加强宏观指导，结合现有开发区、园区的基础和优势，突出发展重点，按照有利于促进资源共享和优势互补、有利于以点带面推进产业长期发展、有利于土地资源节约集约利用等原则，初步完成我国物联网区域布局，防止同质化竞争，杜绝盲目投资和重复建设。

充分考虑技术、人才、产业、区位、经济发展、国际合作等基础因素，在东部、中部、西部地区，以重点城市或城市群为依托，高起点培育一批物联网综合产业集聚区；以推进物联网应用技术进步及物联网服务业发展为导向，以特色农业、汽车生产、电力设施、石油化工、光学制造、家居照明、海洋港口等一批特色产业基地为依托，打造物联网特色产业聚集区，促进物联网产业与已有特色产业的深度融合。

6.2.7　加强信息安全保障

建立信息安全保障体系，做好物联网信息安全顶层设计，加强物联网信息安全技术的研究开发，有效保障信息采集、传输、处理等各环节的安全可靠。加强监督管理，做好物联网重大项目的安全评测和风险评估，构建有效的预警和管理机制，大力提升信息安全保障能力。

具体的研发工作如下。

1. 加强物联网安全技术研发

研制物联网信息安全基本架构，推进信息采集、传输、处理、应用各环节安全共性技术、基础技术、关键技术与关键标准的研究。重点开展隐私保护、节点轻量级认证、访问控制、密钥管理、安全路由、入侵检测、容侵与容错等安全技术研究，推动关键技术的国际标准化进程。

2. 建立并完善物联网安全保障体系

建立以政府和行业主管部门为主导、第三方测试机构参与的物联网信息安全保障体系，构建有效的预警和管理机制。对各类物联网应用示范工程全面开展安全风险与系统可靠性评估工作。重点支持物联网安全风险与系统可靠性评估指标体系研制，测评系统开发和专业评估团队的建设；支持应用示范工程安全风险与系统可靠性评估机制的建立，在物联网示范工程的规划、验证、监理、验收、运维全生命周期推行安全风险与系统可靠性评估，从源头保障物联网应用的安全性。

3. 加强网络基础设施安全防护建设

充分整合现有资源，提前部署，加快宽带网络建设和布局，提高网络速度，促进信息网络的畅通、融合、稳定、泛在，为新技术应用预留空间，实现新老技术的兼容转换。加强对基础设施性能的分析和预测，有针对性地做好网络基础设施的保护。

6.2.8 提升公共服务能力

积极利用现有存量资源，采取多种措施鼓励社会资源投入，支持物联网公共服务平台的建设和运营，提升物联网技术、产业、应用公共服务能力，形成资源共享、优势互补的物联网公共支撑服务体系。积极探索物联网公共服务运营机制，确保形成良性、高效的发展机制。

具体的研发工作如下。

1. 加强专业化公共服务平台建设

不断明确需求，细化专业分工，加强建设和完善共性技术、测试认证、知识产权、人才培训、推广应用、投融资等公共服务平台，全面提升物联网公共服务平台的专业化服务能力和水平。

2. 加快公共支撑机构建设

依托相关部门和行业的资源，建设物联网重点实验室、工程实验室、工程中心、推广应用中心等公共支撑机构，促进物联网技术创新、应用推广和产业化。

3. 整合公共服务资源

加快整合各区域、各行业现有平台建设资源，采取多种措施吸引相应的社会资源投入，形成资源共享、优势互补的产业公共服务体系，提升物联网技术研发、产业化、推广应用等的公共服务能力。

6.3 研发工作

6.3.1 关键技术突破工程

1. 传感器技术

在核心敏感元件方面，试验生物材料、石墨烯、特种功能陶瓷等敏感材料，抢占前沿敏感材料领域先发优势；强化硅基类传感器敏感机理、结构、封装工艺的研究，加快各类敏感元器件的研发与产业化。

在传感器集成化、微型化、低功耗方面，开展同类和不同类传感器、配套电路和敏感元件集成等技术和工艺研究。支持基于 MEMS 工艺、薄膜工艺技术形成不同类型的敏感芯片，开展各种不同结构形式的封装和封装工艺创新。支持具有外部能量自收集、掉电休眠自启动等能量存储与功率控制的模块化器件研发。

在重点应用领域方面，支持研发高性能惯性、压力、磁力、加速度、光线、图像、温湿度、距离等传感器产品和应用技术，积极攻关新型传感器产品。

2. 体系架构共性技术

持续跟踪研究物联网体系架构演进趋势，积极推进现有不同物联网网络架构之间的互联互通和标准化，重点支持可信任体系架构在网络通信、数据共享等方面的互操作技术研究，加强资源抽象、资源访问、语义技术及物联网关键实体、接口协议、通用能力的组件技术研究。

3. 操作系统

1）用户交互型操作系统

推进移动终端操作系统向物联网终端移植，重点支持面向智慧家居、可穿戴设备等重点领域的物联网操作系统的研发。

2）实时操作系统

重点支持面向工业控制、航空航天等重点领域的物联网操作系统的研发，开展各类适应物联网需求的文件系统、网络协议栈等外围模块及各类开发接口和工具研发，支持企业推出开源操作系统并开放内核开发文档，鼓励用户对操作系统进行二次开发。

4. 物联网与移动互联网、大数据融合关键技术

面向移动终端，重点支持适用于移动终端的人机交互、微型智能传感器、MEMS 传感器集成、超高频或微波 RFID、融合通信模组等技术研究。面向物联网融合应用，重点支持操作系统、数据共享服务平台等系统和平台的研究。

突破数据采集交换关键技术，突破海量高频数据的压缩、索引、存储和多维查询关键技术，研发大数据流计算平台、实时内存计算平台等分布式基础软件平台。结合工业、智能交通、智慧城市等典型应用场景，突破物联网数据分析挖掘和可视化关键技术，形成专业化的应用软

件产品和服务。

6.3.2 重点领域应用示范工程

1. 智能制造

面向供给侧结构性改革和制造业转型升级发展需求，发展信息物理系统和工业互联网，推动生产制造与经营管理向智能化、精细化、网络化转变。通过 RFID 技术等对相关生产资料进行电子化标识，实现生产过程及供应链的智能化管理，利用传感器等技术加强生产状态信息的实时采集和数据分析，提升效率和质量，促进安全生产和节能减排。通过在产品中增加传感、定位、标识等功能，实现产品的远程维护，促进制造业、服务化转型。

2. 智慧农业

面向农业生产智能化和农产品流通管理精细化需求，广泛开展农业物联网应用示范。实施基于物联网技术的设施农业和大田作物耕种精准化、园艺种植智能化、畜禽养殖高效化、农副产品质量安全追溯、粮食与经济作物储运监管、农资服务等应用示范工程，促进形成现代农业经营方式和组织形态，提升我国农业现代化水平。

3. 智慧家居

面向公众对家居安全性、舒适性、功能多样性等的相关需求，开展智慧养老、远程医疗和健康管理、儿童看护、家庭安防、水/电/气智能计量、家庭空气净化、家电智能控制、家务机器人等应用示范，提升人民生活质量。通过示范应用对底层通信技术、设备互联及应用交互等进行规范，促进不同厂家产品的互通性，带动智慧家居技术和产品实现整体突破。

4. 智能交通与车联网

推动交通管理和服务智能化应用，开展智能航运服务、城市智能交通、汽车电子标识、电动自行车智能管理、客运交通和智能公交系统等应用示范，提升指挥调度、交通控制和信息服务能力。开展车联网新技术应用示范，包括自动驾驶、安全节能、紧急救援、防碰撞、非法车辆查缉、打击涉车犯罪等应用。

5. 智慧医疗与健康养老

推动物联网、大数据等技术与现代医疗管理服务相结合，开展物联网在药品流通和使用、病患看护、电子病历管理、远程诊断、远程医学教育、远程手术指导、电子健康档案等环节的应用示范。积极推广“社区医疗+三甲医院”的医疗模式。利用物联网技术，实现对医疗废物的追溯、对问题药品的快速跟踪和定位，降低监管成本。建立临床数据应用中心，开展基于物联网智能感知和大数据分析的精准医疗应用。开展智能可穿戴设备远程健康管理、老年人看护等健康服务应用，推动健康大数据创新应用和服务快速发展。

6. 智慧节能环保

推动物联网在污染源监控和生态环境监测领域的应用，开展废物监管、综合性环保治理、水质监测、空气质量监测、污染源治污设施工况监控、进境废物原料监控、林业资源安全监控等应用。推动物联网在电力、油气等能源生产、传输、存储、消费等环节的应用，提升能源管理智能化和精细化水平。建立城市级建筑能耗监测和服务平台，对公共建筑和大型楼宇进行能耗监测，实现建筑用能的智能化控制和精细化管理。鼓励建立能源管理平台，针对大型产业园区开展合同能源管理服务。

在商业化领域中，只有当物联网应用项目能够真正让消费者受惠、让企业赢利时，才能赢得市场、不断发展，才能形成良性循环。当然，物联网的应用规划与实施需要满足政府的需求，应与政府的发展目标和建设规划相结合，这样才能健康有序发展，并避免低水平重复、各自为政、恶性竞争及浪费资源的不良现象。

事实上，在物联网应用与部署的进程中，企业是实施的主力军。政府引导和培育市场，企业则开发产品、推广应用，这样才能够各司其职，把物联网应用与部署落到实处。

另外，企业需要明确发展目标，找准市场定位，确定产品和服务对象。换句话说，企业需要依据自身的能力与特色，在某个重点示范工程领域中做出具有标志性的成果，让大众体验物联网应用的智慧服务，那么企业就可以形成自主知识产权并获得核心竞争力，从而在未来的物联网应用大潮中立于不败之地。

2020年8月，中国经济信息社在无锡发布了《2019—2020中国物联网发展年度报告》，该报告分析认为，物联网发展呈现一些新的特点与趋势，具体如下。

一是全球物联网进入产业落地加速与网络监管整治并重阶段。全球物联网设备持续大规模部署，连接数突破110亿个；模组与芯片市场势头强劲，平台集中化趋势明显，工业领域的投资愈加活跃。受新冠肺炎疫情影响，市场规模增长预期下调，但整体向好趋势不变。主要经济体提速网络与安全布局，美国连续出台多部法案强调5G国际领导力，关注物联网创新与安全；欧盟发布战略夯实物联网数据基础，多措并举提升网络安全风控能力；日本设立新规确立物联网终端防御对策；韩国提速6G研发布局，持续加大物联网相关领域资金投入。

二是我国物联网产业规模超预期增长，网络建设和应用推广成效突出。在网络强国、新基建等国家战略的推动下，我国加快推动IPv6、NB-IoT、5G等网络建设，移动物联网连接数已突破12亿个，设备连接量占全球比重超过60%，消费物联网和产业物联网逐步开始规模化应用，5G、车联网等领域发展取得突破。数据显示，2019年产业规模突破1.5万亿元，已超过预期规划值。

三是龙头企业布局加码，5G网络建设和边缘计算发展双轮驱动物联网应用深化。2019年以来，华为、阿里巴巴、海尔等龙头企业各有侧重加强布局，头部创投机构投资活跃，物联网领域平均融资额有所上升。伴随5G商用进程加快、NB-IoT规模部署，物联网与人工智能、大数据等融合创新加速，同时设备连接增加驱动边缘计算需求增长，车联网、工业互联网、智慧医疗等应用场景进一步深化。

四是无锡物联网产业集群化、高端化发展持续升级，世界级物联网新高地加速崛起。近年来，无锡坚守“技术创新、产业发展、应用示范”的世界级物联网产业集群培育发展路径，实现了物联网产业“从无到有”到“从有到优”的跨越。

6.4 技术支持

为了使物联网应用能够扎实有效地持续发展，从技术支持的角度考虑，需要进一步开展以下几个方面的工作。

1. 宽带化

解决网络高性能的连接问题，提供大带宽通道、高质量保证和可扩展性。

2. 融合化

解决异构信息通信网络的融合问题，实施基础设施的融合、服务的融合和用户体验的融合，实现统一的信息服务平台。

3. 泛在化

解决信息网络无所不在的互联互通问题，实现遍布的感知信息的接入、多源信息的互联互通与共享，以及物与物、物与人、人与人之间的互联互通和信息交互。

4. 绿色化

解决网络的健康与高效能问题，保证网络的安全性和提供可信的网络服务。

5. 个性化

保障服务的有效性和针对性，针对个体需求提供信息服务，实施主动信息推送及高效的海量数据能力。

第7章

物联网典型应用

物联网技术的典型应用已经在许多领域中初见成效，在智能制造与工业互联网、智慧农业、智能交通与车联网、智慧医疗与健康养老、智慧节能环保、智慧校园等领域中，越来越多的物联网应用系统已经从概念化讨论、碎片化示例、闭环式发展进入了跨界融合、集成创新和规模化发展的新阶段。物联网技术研发与产业应用的深度融合，正发挥着十分重要的技术推进作用与明显的民生体验成效。

7.1 智能制造与工业互联网

物联网、信息物理系统、大数据、人工智能等新技术的出现和发展，直接推动了新一轮工业革命的来临。制造业是工业的基石和国民经济的支柱产业，新工业革命必将对生产模式产生颠覆性影响，也必然导致新型制造模式的诞生。在新工业革命竞争态势下，德国提出以信息物理系统（CPS）为主要特征的工业 4.0，美国则提出了工业互联网概念。事实上，信息物理系统与工业互联网的核心都是物理世界与信息世界的融合。德国和美国这两个制造业强国率先提出新一代工业革命的技术路线，在全球范围内引起了极大的反响和认同。我国也先后发布了以“两化”深度融合为主线的《关于深化“互联网+先进制造业”发展工业互联网的指导意见》及《新一代人工智能发展规划》等一系列指导性政策，用以促进我国制造业的转型升级和人工智能的深入发展。

7.1.1 智能制造

我国工业和信息化部与财政部于 2016 年印发《智能制造发展规划

（2016—2020 年）》，其中对智能制造概念给出的描述是：智能制造是基于新一代信息通信技术与先进制造技术深度融合，贯穿于设计、生产、管理、服务等制造活动的各个环节，具有自感知、自学习、自决策、自执行、自适应等功能的新型生产方式。加快发展智能制造，是培育我国经济增长新动能的必由之路，是抢占未来经济和科技发展制高点的战略选择，对于推动我国制造业供给侧结构性改革，打造我国制造业竞争新优势，实现制造强国具有重要战略意义。

智能制造（Intelligent Manufacturing，IM）系统是一种由智能机器和人类专家共同组成的人机一体化智能系统，是信息化与工业化深度融合的进一步提升，融合了信息技术、先进制造技术、自动化技术和人工智能技术等。智能制造系统具有数据采集、数据处理、数据分析能力，能够准确执行指令，实现闭环反馈；实现生产工位和生产线流程的信息化管控。智能制造的趋势是自主学习、自主决策和不断优化。

智能化是制造自动化的发展方向。制造过程的各环节几乎都广泛应用了人工智能技术。专家系统技术可以用于工程设计、工艺过程设计、生产调度、故障诊断等，也可以将神经网络和模糊控制技术等先进的计算机智能方法应用于产品配方、生产调度等，实现制造过程智能化。人工智能技术尤其适用于解决特别复杂且不确定的问题。

20 世纪 90 年代初，美国 Predator Software INC 推出了“生产设备和工位智能化联网管理系统”。一般认为，这是全球范围内最早使用的车间内物联网应用，通过这样的技术平台，企业可以借助数字化的数据录入或读取技术（如条码技术、射频技术、触屏技术、反馈控制技术等）来实现生产工位和生产线流程的信息化管控。但目前来看，仅设备联网已不能满足现代智能制造的需求。

智能制造领域的关键技术与主要研究热点包括：智慧云制造、智能制造内涵与关键技术、面向智能制造的云平台技术、工业 CPS 技术架构、由工业互联网推动的工厂网络与互联网的融合、智慧工厂机器视觉感知与控制关键技术、流程工业智能工厂建设、工业互联网安全策略、工业生产中的知识自动化决策系统。

7.1.2　工业互联网

工业互联网（Industrial Internet）是一个开放的、全球化的网络，可以

将人、数据和机器连接起来，是全球工业系统与先进的计算技术、分析处理技术、传感技术及互联网的高度融合。工业互联网的概念最早是由美国通用电气公司于2012年提出的，随后各国工业巨头联手将这一概念推广开来。

工业互联网的核心思想是通过工业互联网平台把设备、生产线、工厂、供应商、产品和用户紧密地融合在一起，帮助制造业拉长产业链，形成跨设备、跨系统、跨厂区、跨地区，甚至跨行业的互联互通与信息共享，从而以智能的方式利用共享的数据，使工业经济各种要素资源能够高效共享，实现推动整个制造服务体系信息化、智能化，提升产品制造的效率与质量的目标。工业互联网也是5G应用的重要场景。

工业大数据是实现智能制造的重要生产要素，也是驱动智能制造、助力产业转型升级的关键内容；设备上云则是构建工业互联网和工业云平台、实现智能制造的首要环节，也是其核心数据的来源。

为了使工业云与生产实体之间实现高度协同、功能深度融合、智能开放共享，从而保证工业生产能实时、准确、安全地进行决策和控制，为上层应用提供支撑服务，“云端融合”的工业互联网是一种可行的技术途径。“云端融合”的工业互联网的内涵是通过全面深度感知工业制造过程中生产实体的特性和状态，动态/在线地在工业云（云）和生产实体（端）之间进行数据交换和计算分发，进而高效、无缝、透明地协同使用工业互联网云端和终端的计算、存储及网络、平台、数据、用户等资源，从而实现网络化、智能化、柔性化工业生产。

“云端融合”可以通过信息网络使原本割裂的工业数据实现流通，使复杂多样的工业生产实体能够智能地识别、感知和采集生产相关数据，即“感”环节；之后，这些数据在互联互通的泛在化网络上进行传输和汇聚，即“联”环节；然后，对这些网络化的工业大数据进行快速处理和实效分析，即“知”环节；最后，利用通过数据分析得到的信息形成开放式服务，进而反馈给工业生产，即“控”环节。简单来说，通过云端融合对工业大数据进行全面深度感知（感）、实时联网传输（联）、快速计算处理和高级建模分析（知），从而实现智慧决策优化和精准执行控制（控）。

工业互联网通过云端融合实现多个产业链的融合，是实现网络化智能柔性生产、构建未来工业生态系统的必由之路。

7.1.3　应用情况

国内各制造业企业已经纷纷推出自己的工业互联网平台，支撑智能制造的发展与推进。下面以海尔集团基于工业互联网的智能工厂为例进行简单介绍。

海尔已经创建了自己的工业互联网企业级平台 COSMO，从业务架构来看，该平台由模式层、应用层、平台层和资源层组成，如图 7-1 所示。

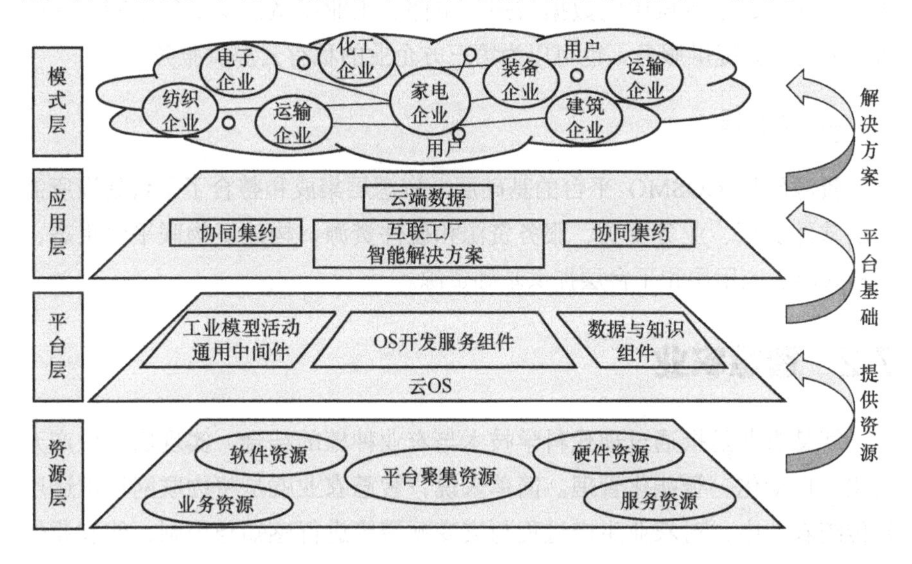

图 7-1　COSMO 平台业务架构

1．模式层

在模式层中，COSMO 提供了一种互联工厂制造模式。海尔借助自身积累的制造模式，充分利用用户深度参与的定制方式，将制造流程、组织管理和管控手段都迁移到网络平台上，这样企业和用户可以借助网络平台提供的交互途径，方便地分享信息和定义制造模式，其中通用性的业务模块可以有效地实现行业内复用（甚至实现跨行业复用）。

2．应用层

在应用层中，COSMO 在互联工厂提供的智能制造方案的基础上，将生成的制造模式上传至云端，并在应用层平台上开发互联工厂的小型 SaaS 应用，从而利用云端数据和智能制造方案提供基于互联工厂的全流程解决方案。

3. 平台层

在平台层中，海尔集成了物联网、互联网、大数据等技术，通过云 OS 的开发建成了一个开放的云平台，并采用分布式模块化微服务的架构，通过工业技术软件化和分布资源调度，向第三方企业提供云服务部署和开发服务。此外，平台层中的数据与知识组件、工业模型活动通用中间组件既可以为公有云提供服务，也可以为第三方企业的私有云提供服务。

4. 资源层

资源层是 COSMO 平台的基础层。资源层集成和整合了平台建设所需要的软件资源、业务资源、服务资源和硬件资源，构建了物联平台生态，为模式层、应用层和平台层提供基础资源。

7.2 智慧农业

智慧农业是指通过现代科学技术与农业种植的结合，实现农业生产无人化、自动化、智能化管理。简单来说，智慧农业就是将物联网技术运用到传统农业中，对农业生产过程与灾变预警等进行感知与控制，使农业生产更具有“智慧”。在广泛意义上，除了精准感知、控制与决策管理，智慧农业还可以包含农业电子商务、食品溯源防伪、农业休闲旅游、农业信息服务等方面的内容。

智慧农业应用系统通过前端感知设备获取农作物生长环境信息，如土壤水分、土壤温度、空气温度、空气湿度、光照强度、植物养分含量等数据；应用系统负责存储和处理传感器节点发来的数据信息，以直观的可视化方式动态显示给用户，并对农业园区进行依据场景状态的自动化灌溉、降温、卷模、液体肥料施肥、喷药和灾害预警等控制处理。

7.2.1 智慧农业应用系统主要功能与体系架构

1. 基于物联网技术的智慧农业应用系统的主要功能

（1）数据采集与监测功能。在农业园区内实现自动信息检测与控制，通过配备无线传感器节点、太阳能供电系统、信息采集和信息路由设备搭

建无线传感传输系统。农业生产人员可通过监测数据对环境进行分析，并根据需要调动各种执行设备，完成调温、调光、换气等动作，实现对农作物生长环境的智能控制。

（2）视频监控功能。在农作物与环境、土壤及肥力间的物物相联的关系网络中，可通过多维信息与多层次处理实现农作物的最佳生长环境管理及施肥管理。但是对管理农业生产的人员而言，仅有数值化的信息是不够的。视频监控为物与物之间的关联提供了更直观的表达方式，能够直观地反映农作物的实时状态，可以较好地实现数据可视化，既可以直观反映一些农作物的长势，也可以从侧面反映农作物生长的整体状态及肥料水平。

（3）农产品溯源与安全。通过对农产品的有效识别和对生产环境、加工环境的监测，可实现农产品溯源，进行可靠的全程质量监控，从而建立农产品溯源与安全系统。在这样的应用场景下，用户可以迅速了解农产品的生产过程，从而为农产品供应链提供完全透明的展示途径，增强用户对农产品安全性的信心，并且保障合法经营者的利益，提升可溯源农产品的品牌效应。

2. 智慧农业的应用成果

（1）通过智慧农业的应用可以有效改善农业生态环境，将农田、畜牧养殖场、水产养殖基地等的周边生态环境和生产单位融合为一个整体，并通过对其物质交换和能量循环关系进行系统、精密的运算，保障农业生产的生态环境在可承受范围内。

（2）通过智慧农业的应用可以显著提高农业生产经营效率，基于精准的传感器进行实时监测，利用云计算、数据挖掘等技术进行多层次分析，并将分析指令与各种控制设备进行联动以完成农业生产与管理，实现农业生产高度规模化、集约化、工厂化，提高农业生产对自然环境风险的应对能力，使农业成为具有高效率的现代产业。

（3）通过智慧农业的应用能够彻底转变农业生产者、消费者的观念和农业生产系统的组织结构，完善的农业科技和电子商务网络服务体系能够使农业相关人员足不出户远程学习农业知识，获取各种科技信息和农产品供求信息。

智慧农业通过生产领域的智能化、经营领域的差异性及服务领域的全方位信息服务，推动农业产业链改造升级；实现农业精细化、高效化与绿色化，保障农产品安全，推动农业竞争力提升和农业可持续发展。

智慧农业是我国农业现代化发展的必然趋势。智慧农业基本模型如图 7-2 所示。

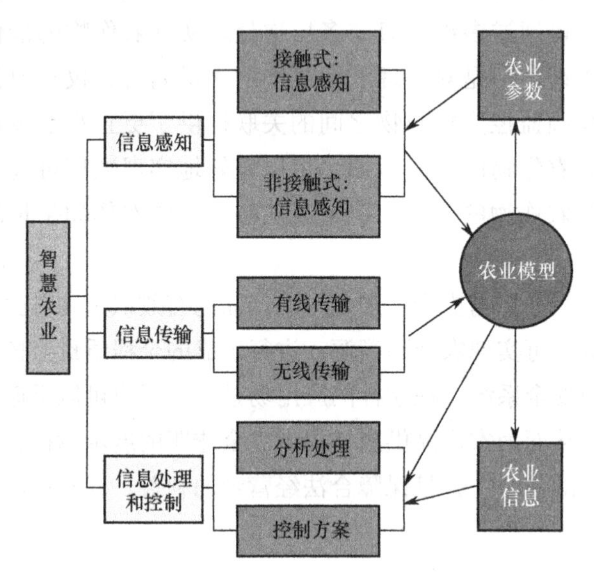

图 7-2　智慧农业基本模型

7.2.2　应用情况

近年来，在国家政策的大力支持下，我国智慧农业得到了快速发展。在“十三五”期间，农业农村部在全国九个省市开展农业物联网工程区域试点，形成了 426 项节本增效的农业物联网产品技术和应用模式。围绕设施温室智能化管理的需求，自主研制了一批农业作物环境信息传感器、多回路智能控制器、节水灌溉控制器等技术产品，对提高我国温室智能化管理水平有重要的推动作用。我国精准农业关键技术取得重要突破，建立了天空地一体化的农作物氮素快速信息获取技术体系，可实现省域、县域、农场、田块不同空间尺度的农作物氮素营养监测。另外，我国研制的基于北斗自动导航与测控技术的农业机械，在棉花精准种植中发挥了重要作用，研制的农机深松作业监测系统解决了作业面积和作业质量人工核查难的问题，已经得到了广泛应用。

7.3　智能交通与车联网

智能交通系统是指将信息技术、计算机技术、数据通信技术、传感器技术、电子控制技术、自动控制理论、运筹学、人工智能等融合运用于交通运输、服务控制和车辆制造，建立车辆、道路、使用者三者之间的联系，从而形成的一种能够保障安全、提高效率、改善环境、节约能源的综合运输系统。智能交通系统通过人、车、路的互联互通，可以提高交通运输效率、缓解交通阻塞情况、提高路网通过能力、减少交通事故、降低能源消耗和减轻环境污染。

车联网是指依托信息通信技术，通过车内、车与车、车与路、车与人、车与服务平台的全方位连接和数据交互，提供安全、智能、舒适、高效的综合服务。基于车联网，能够形成汽车、电子、信息通信和交通运输等行业深度融合的产业形态。

7.3.1　智能交通主要构成

我国智能交通体系主要包括 9 个服务领域、10 个功能领域、10 个系统物理框架和 58 个应用系统。

具体服务主要包括交通动态信息监测、交通执法、交通控制、需求管理、交通事件管理、交通环境状况监测与控制、勤务管理、停车管理、非机动车管理、行人通行管理、电子收费、出行前信息服务、行驶中驾驶人信息服务、途中公共交通信息服务、途中出行者其他信息服务、路径诱导及导航、个性化信息服务、智能公路与车辆信息收集、安全辅助驾驶、自动驾驶、车队自动运行、紧急事件救援管理、运输安全管理、非机动车及行人安全管理、交叉口安全管理、运政管理、公交规划、公交运营管理、长途客运运营管理、轨道交通运营管理、出租车运营管理、一般货物运输管理、特种运输管理、客货联运管理、旅客联运服务、货物联运服务、交通基础设施维护、路政管理、施工区管理、数据接入与存储、数据融合与处理、数据交换与共享、数据应用支持、数据安全服务等。

7.3.2　车联网主要构成

根据 2021 年 3 月发布的《国家车联网产业标准体系建设指南（智能交通相关）》，车联网（智能交通相关）技术架构如图 7-3 所示。

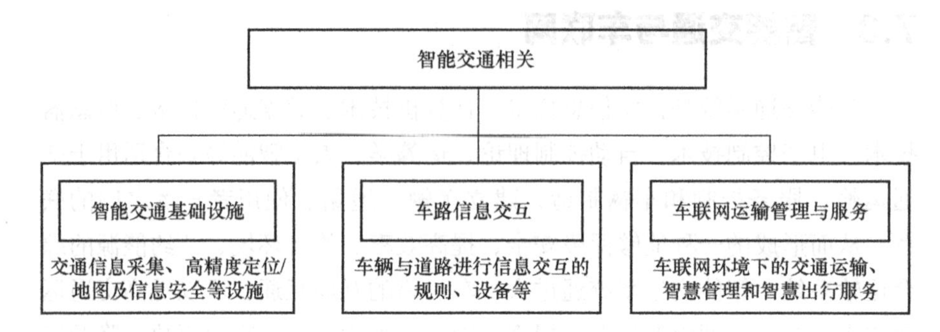

图 7-3 车联网（智能交通相关）技术架构

该技术架构从智能交通基本构成要素出发，考虑车联网环境下的人、车、路的协调配合，主要包括以下三个方面。

1. 智能交通基础设施

智能交通基础设施的重点是基于道路的交通信息感知、与车辆协同配合的智能化路侧系统。路侧系统向车辆发送高精度地图信息、定位辅助信息、交通规则信息、交通环境信息、基础设施信息、实时交通状态、危险预警提示等，车辆可以实现精确定位，及时掌握路段层面信息，扩展感知范围。同时，路侧系统可实现路口、互通区、匝道区及路段范围内的协同控制，提高车辆在交叉口、合流区、分流区、互通桥区、关键路段的运行安全和效率。此外，路侧系统将路段层面的交通状态、交通环境、交通事件等信息反馈至管控中心，可提高交通参与者的全局感知能力。

2. 车路信息交互

车路信息交互的重点是交通参与者与路侧基础设施的信息交互，将人、车与智能交通基础设施联系起来，内容包括路侧通信系统、车路信息交互规则等。此外，车辆还向路侧系统和管控中心反馈其运行信息、异常状态等，提高系统的感知精度和响应速度。

3. 车联网运输管理与服务

车联网运输管理与服务侧重路网层面宏观信息感知与服务。信息中心将路网交通状态、路网交通环境、交通控股及调度、应急处置等信息发送至路侧系统，路侧系统根据需要，将信息转发至车辆。对全局性的地理数据、气象、交通事件等信息，信息中心可通过通信网络，直接发送到车辆。

7.3.3 应用情况

中国移动与宇通集团合作开展了自动驾驶的相关研发工作，搭建了智慧岛5G智能交通系统，借助5G在速率、时延、可靠性等方面的技术优势，以及C-V2X、车路协同、机器视觉、智能远程控制等重要的智能网联技术，在自动驾驶方面取得了关键进展，初步实现了较高级别的自动驾驶。

1. 5G网络

5G网络作为自动驾驶的主要通信信道，其信号强度和信道质量直接影响自动驾驶的整体性能。为保证自动驾驶车辆顺利行驶，智慧岛4平方千米范围内建设了29个5G站点，保证5G信号的覆盖效果能够达到最佳。在智慧岛5G站点部署完成后，通过室外道路遍历拉网测试，5G网络覆盖率达到100%，平均下行吞吐率达到729Mbps，能够有效满足自动驾驶汽车对数据传输的需求。

2. 路侧单元

在自动驾驶车辆途经的红绿灯等位置上均部署了C-V2X路侧单元（RSU），通过5G网络连接到智慧岛5G智能交通系统，可实时感知并呈现全区的红绿灯状态以供自动驾驶车辆参考。

3. MEC节点

智慧岛区域内部署了2个MEC节点，具有极低的数据传输时延和较强的数据计算能力。MEC通过NFV技术实现和UPF的集成部署，并实现与MANO系统的统一管理和编排。硬件资源池使用R5300G4服务器，业务接入和承载使用S950C交换机。

4. 超算云平台

宇通实验室搭建了超算云平台，作为“交通大脑”，将自动驾驶汽车、RSU、5G基站、MEC、云平台等单元智能组合在一起，形成一个“人—车—管—云”的C-V2X网络。自动驾驶汽车通过该系统，与道路、行人、车辆、基站、红绿灯进行信息共享，基于静态地图，实时感知自身的位置和速度，以及周边行人和车辆的运动状态，并能够提前预见前方红绿灯的状态，做好应对策略，有效保证驾驶的安全性，以及驾驶效率和舒适性。

融合5G的自动驾驶网络体系如图7-4所示。

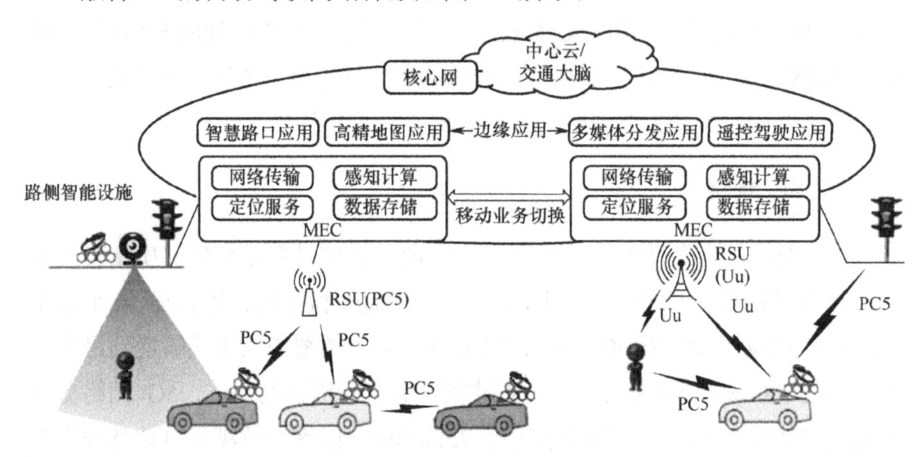

图7-4　融合5G的自动驾驶网络体系

2019年5月，在郑州龙子湖智慧岛，连接5G网络的宇通自动驾驶公交车正式运营，宇通自动驾驶公交车能够实现自主智能交互、自主巡航、换道、避障、超车、会车、跟车、进站、紧急制动、精确停靠、路口通行、车路协同等功能。

7.4　智慧医疗与健康养老

从《关于印发“十三五”健康老龄化规划的通知》和《国务院办公厅关于推进养老服务发展的意见》等文件可以看出，国家十分关注智慧医疗与健康养老问题，智慧医疗与健康养老的融合发展是目前亟待解决的问题。

7.4.1　发展路径

智慧医疗与健康养老融合发展是一种比较有效的发展路径，从养老建筑设计到基本环境配置，要充分考虑老年人身体器官功能衰退、运动机能弱化的生理特征，以及孤独、焦虑、自我贬低的心理特征和身高变化的人

体工学特征，进行适老化的设计与特殊的环境配置来体现对老年群体的有针对性的关怀和社会尊重。

同时，要提供智能化产品和精细化服务，实施智慧养老，运用物联网技术手段常态化监测老年人的生活状态。可穿戴智能医疗产品可用于对血压、心跳、运动量、睡眠等指标的日常监测；智慧家居设备可按照文字、语音、指纹、眼神等指令进行清洁清扫、开关窗帘等操作；智能器械可用于身体锻炼，使老年人保持健康体魄。

7.4.2　应用情况

医养结合是指通过医疗资源与养老资源的结合，实现社会资源利用的最大化。医养结合是一种集医疗、康复、养生、养老等于一体，将老年人健康医疗服务放在首要位置，将养老与医疗功能相结合，融合生活照料和康复关怀的新模式。

智慧健康养老整体解决方案融合物联网、云计算、大数据技术及智慧医疗设备，实时对老年人的生活及健康状况进行监测，通过智能终端及时响应老年人的需求，使个人、家庭、社区、机构与健康养老资源进行有效对接，基于“1+3”模式（以老年人为主体，以医生、平台、产品为辅助），形成以居家为基础、以社区为依托、以养老和健康管理机构为补充的一体化、多层次智慧健康养老整体解决方案，如图 7-5 所示。

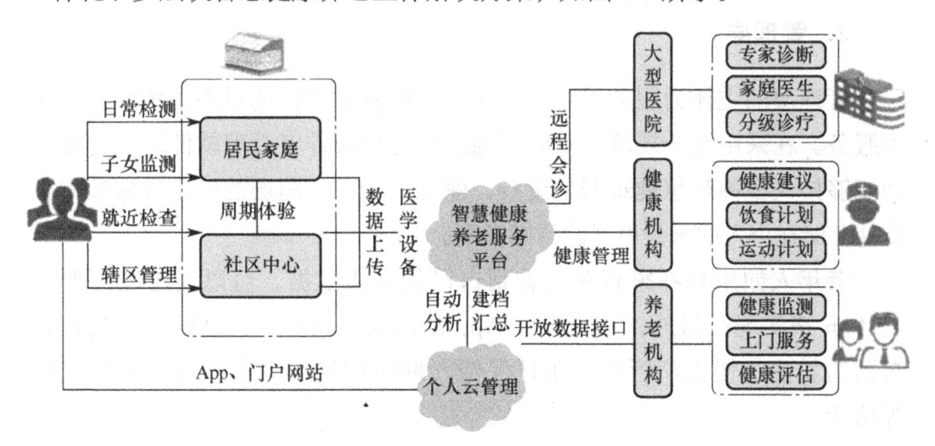

图 7-5　智慧健康养老整体解决方案

从层次上看，智慧健康养老系统可分为检测层、管理层和医疗层。

1. 检测层

检测层的主体为医疗设备，未来养老产业会更侧重居家养老，大多数人更愿意选择在家庭场景中解决问题。为满足老年人在家自主检测的需求，需要进一步研发相关的检测产品，包括智能腕表、电子血压计、便携式心电计、动态心电图仪、动态血压监护仪、睡眠呼吸初筛仪、血糖仪等，这些产品普遍具有小型化、便携式、智能化、可联网的特点，能够实现老年人在家自测血压、血氧、血糖、心电等各项参数。需要注意的是，产品必须拥有实时联网并上传数据的功能，在完成数据存储并上传后，形成个人电子健康档案，便于健康管理。

另外，要根据不同用户的个性化需求，研发适用于不同人群的医疗设备，如适合慢性阻塞性肺疾病患者使用的小型肺功能仪和便携式雾化器。对高血压、糖尿病、心脏病、呼吸病等慢性病患者来说，在家自测不能满足他们的检测精度需求，需要更专业、更精细的医疗检测设备，可将医疗级的智能检测设备放置在社区卫生服务站和养老机构中，包括动态血压监护仪、动态心电图仪、脑电图仪、动脉硬化检测仪、大型体检机等。利用这些设备，可以在较短时间内完成心电图、血压、血氧、体温、身高、体重、血糖等项目的检查，检测结果数据可自动上传并给出检测结果报告，医生可根据检测结果报告中的数据对用户进行诊疗。

2. 管理层

管理层的主体为服务平台，检测层诊断数据上传的目的是将数据转化为服务。在采用统一规范、互联互通的智慧健康养老管理软件时，需要做到能够接入多种智慧健康养老设备，保证用户在检测层的检测数据顺利上传并存储在个人的永久电子健康档案中。

老年人如果想在家直观地看到自己的健康数据，可以通过健康管理类 App 来实现；另外，还可通过 App 随时联系签约的家庭医生，App 具有预约看病、慢性病管理、康复保健、健康预警、紧急呼叫、远程定位等功能。

3. 医疗层

医疗层的主体为远程诊疗活动的分级诊疗体系，基层医院和家庭采集

患者信息并上传至平台服务器形成永久电子健康档案，专家通过平台软件进行远程会诊，结合智能体检设备对患者进行诊疗，可通过平台实现双向转诊，并通过平台搭建的绿色通道直通手术室。

智慧医疗与健康养老的融合将为老年人创造更加舒适、科学、精准的服务场景，提供更加便利的就医途径。

7.5　智慧节能环保

节能是指加强用能管理，采取在技术上可行、在经济上合理，且环境和社会可以承受的措施，在从能源生产到消费的各环节中，降低消耗、减少损失和污染物排放、制止浪费，合理有效地利用能源。

环保是指人类有意识地保护自然资源并使其得到合理利用，防止自然环境受到污染和破坏；对受到污染和破坏的环境必须做好综合治理，以创造出适合人类生活、工作的环境。

7.5.1　智慧节能

智慧节能是一种新型节能服务模式，它采用物联网及相关技术对关键能源指标、生产指标和能耗指标等进行动态实时处理、科学分析，得出最优的节能控制方案，以自动化、智能化的方式调控能源设备。

节能产业通过将大数据、云计算、人工智能、机器学习、远程运维等技术应用到智慧节能系统中，对能耗状态进行数据采集、边缘计算、反向控制、数据分析、策略优化、策略下发和能源预测等，通过数据信息共享实现能源系统的合理计划和智能管理，监测并推送能耗异常信息，实现节能信息化、可视化和可控化。

7.5.2　智慧环保

智慧环保是指运用物联网技术，把感应器和控制装备嵌入各种环境监控对象中，通过网络将环保领域中的监控对象“物物相联”，提高人类对环境的感知能力和控制能力，以更加精细的方式实现智慧环境管理和决策。

智慧环保平台一般由数据采集硬件和数据中心软件系统组成。数据采集硬件负责采集现场的各种环境数据并将数据上传给数据中心软件系统；数据中心软件系统负责对数据进行存储、分析、汇总、可视化，并在发现

问题时报警。智慧环保平台可以采集的环境数据包括空气温湿度、土壤温湿度、CO_2 浓度、光照强度、水中温度、水中氨氮/溶解氧浓度和 pH 值等。当环境数据超出系统设置的预警阈值时，系统会自动报警，通过声光报警器、手机短信和弹出窗口等形式通知相关人员，同时启动或者关闭相关设备以调节现场环境指标。

7.5.3 应用情况

智慧城市与节能环保产业密切相关，智慧城市与节能环保产业协同关联模型如图 7-6 所示。

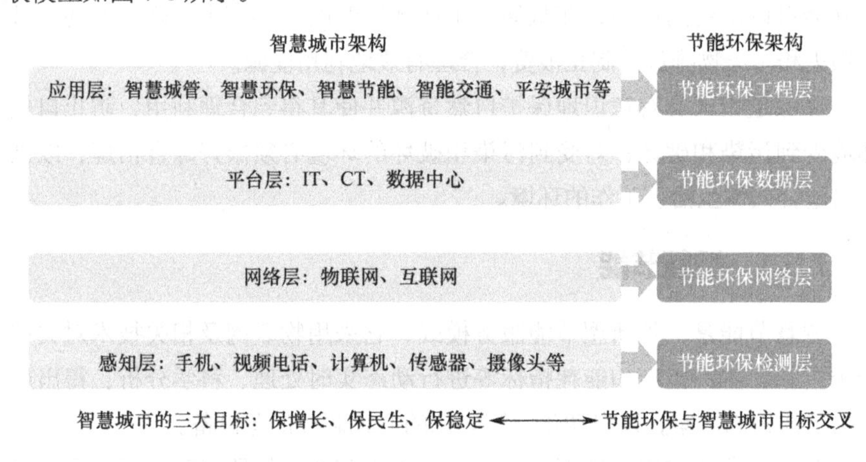

图 7-6　智慧城市与节能环保产业协同关联模型

节能环保检测层位于模型的底层，负责采集相关的基础数据，以感知能源设备、环保设备的工作状态；节能环保网络层负责获取由节能环保检测层传递来的终端设备信息，并传递给后台数据处理中心；节能环保数据层由数据中心等组成，负责解析节能环保网络层上传的数据，并在分析处理后通过可视化界面展示出来，辅助决策者再进行对应的控制管理；节能环保工程层完成具体应用的实现。

7.6 智慧校园

教育信息化是教育现代化的重要标志。学校教学资源的主要来源有三类，即基于人的数据、基于流程管理的数据、面向设施环境的数据。从高校信息化服务的视角考虑，现有的信息管理系统在一定程度上解决了相关

数据的采集、处理等问题，但无法完全满足全方位实施教育信息化及提供智能综合信息服务的需求。

物联网为智慧校园的建设提供了技术支撑。智慧校园的建设旨在提高校园信息服务和应用的质量与水平，建立一个开放、创新、协作和智能的综合信息服务平台。通过综合信息服务平台，教师、学生和管理者可以定制基于角色的个性化服务，获取不同的教学资源，营造互动、共享、协作的学习、工作和生活环境。

7.6.1 设计思路

智慧校园的设计思路是以物联网为基础环境，以各种应用服务系统为载体，利用先进的信息技术手段，实现基于数字环境的应用体系，使人们能快速、准确地获取校园中人、财、物和学、研、管业务的信息，同时通过综合数据分析为管理改进和业务流程再造提供数据支持，推动学校进行制度创新、管理创新，最终实现教育信息化、决策科学化和管理规范化；通过应用服务的集成与融合来实现信息获取、信息共享和信息服务，从而推进智慧化的教学、智慧化的科研、智慧化的管理、智慧化的生活及智慧化的服务的实现进程。

智慧校园的核心特征主要有三点：

（1）为广大师生提供一个全面的智能感知环境和综合信息服务平台，提供基于角色的个性化定制服务。

（2）将基于计算机网络的信息服务引入学校的各应用与服务领域，实现互联、共享和协作。

（3）通过智能环境感知和综合信息服务平台，为学校与外部提供一个相互交流和相互感知的接口。

在智慧校园环境下，用户通过综合信息服务平台，依照确定的角色权限，个性化地定制信息服务，各类应用系统通过综合信息服务平台融合服务。

7.6.2 应用情况

智慧校园的主要支撑设施有网络融合平台、数据融合平台、服务融合平台、信息标准体系、安全维护体系及配套的硬件平台。

智慧校园建设的主要工作内容包括编制信息规范与标准，建设统一的基础设施支撑平台，建设共享数据库平台，建设基于多网融合的新型监控与管理系统，建设支持移动终端的综合校园虚拟服务系统，建设面向主动信息服务的各类应用系统，建设物联网应用体验项目，建设可视化虚拟校园等。

智慧校园总体应用框架示例如图 7-7 所示。

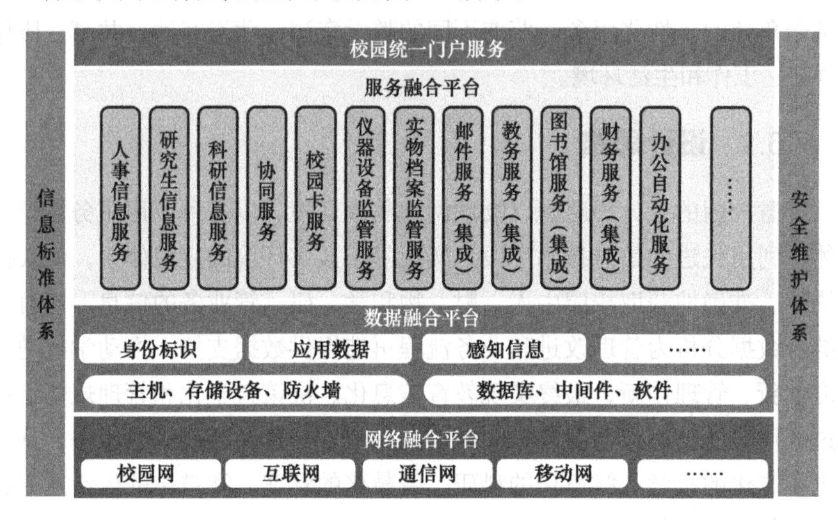

图 7-7　智慧校园总体应用框架示例

智慧校园数据融合的层次架构如图 7-8 所示。部门级应用系统主要服务部门内的业务人员，满足业务部门的日常工作需要。公共数据平台一般由代码标准数据库、数据集成中心库、公共数据库（全局数据库）、历史数据库和数据仓库组成。代码标准数据库定义全局数据的格式和语义；数据集成中心库抽取各部门级应用系统的汇总数据，在分析处理后分别构建公共数据库（提供全局数据服务等）、历史数据库、数据仓库（提供数据挖掘服务等）；全局数据服务是面向应用的，而数据挖掘是面向分析和决策支持的。公共数据平台和部门级应用系统共同服务顶层的全局数据应用。

通过智慧校园的研发与部署，可以获得更透彻的感知，即利用任何可随时随地感知、测量、捕获和传递信息的设备、系统或流程，快速获取学习、研究和管理活动中的基本信息并进行分析，能够采取有效应对措施和部署长期规划；对分散储存的数据进行交互和共享，从而更好地对环境和业务状况进行实时监控，从学校角度准确把握全局状态和统一数据；可以获得更深入的智能化服务，即深入分析感知的信息，以获取更加新颖、系统、全面的洞察力来提供信息化服务。

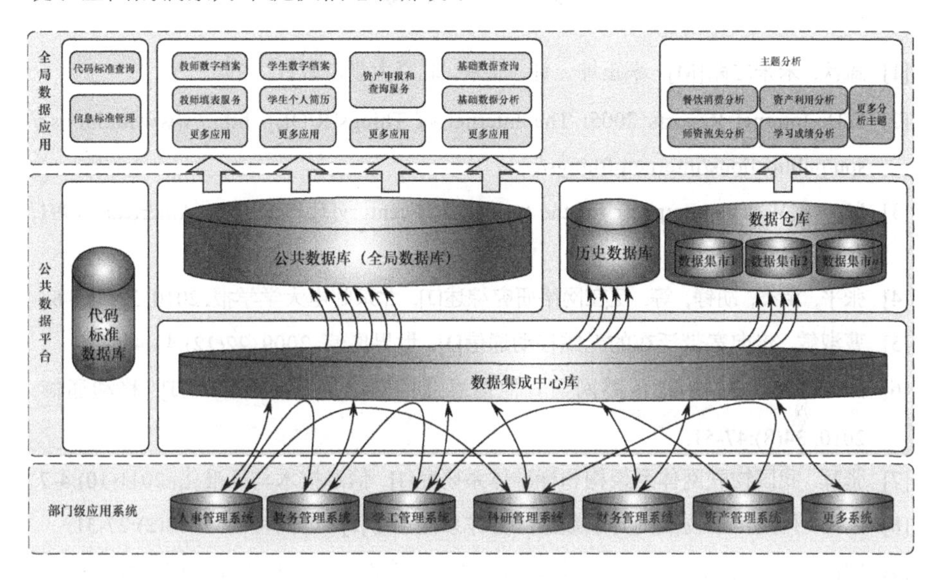

图 7-8　智慧校园数据融合的层次架构

参 考 文 献

[1] 盖茨. 未来之路[M]. 辜正坤，译. 北京：北京大学出版社, 1996.

[2] ITU. Internet Reports 2005: The Internet of Things[R/OL]. http://www.itu.int/osg/spu/publications/internetofthings/.

[3] MARK W. The computer for the twenty-first century[J]. Scientific American, 1991, 265(3):94-104.

[4] 张平, 苗杰, 胡铮, 等. 泛在网络研究综述[J]. 北京邮电大学学报, 2010, 33(5):1-6.

[5] 曹淑敏. 走向宽带泛在的无线移动通信[J]. 世界电信, 2009, 22(12):43-45.

[6] 陈如明. 泛在/物联/传感网与其他信息通信网络关系分析思考[J]. 移动通信, 2010, 34(8):47-51.

[7] 张晖. 我国物联网体系架构和标准体系研究[J]. 信息技术与标准化, 2011(10):4-7.

[8] 赵钧. 构建电信物联网开放数据服务体系的思考[J]. 电信科学, 2012(2):27-31.

[9] 中国科学技术部, 等. 中国射频标识 RFID 技术政策白皮书[R/OL]. http://news.rfidworld.com.cn/200669235213901.html.

[10] YAN L, ZHANG Y, YANG L T, et al. The Internet of Things from RFID to the next generation pervasive networked systems[M]. New York: Auerbach Publications, 2008.

[11] 刘化君, 刘传清. RFID 系统的工作原理[M]. 北京：电子工业出版社, 2010.

[12] 无线射频技术[EB/OL]. http://wenku.baidu.com/view/bd8c064569eae009581bec86.html.

[13] 王平, 胡爱群, 裴文江. 一种基于码分复用机制的超高频 RFID 防碰撞方法[J]. 电子与信息学报, 2007, 29(11):2637-2640.

[14] 顾震宇. 国内外 RFID 技术研究现状与趋势分析[EB/OL]. http://www.istis.sh.cn/list/ list.aspx?id=6509.

[15] INTANAGONWIWAT C, GOVINDAN R, ESTRIN D. Directed Diffusion: A Scalable and Robust Comunication Paradigm for Sensor Networks to Appear[C]. Proceedings of the 4th ACM International Conference on Mobile Computing and Networking, 2000:56-67.

[16] HEINZELMAN W, KULIK J, BALAKRISHNAN H. A daptive Protocols for Information Dissemination in Wireless Sensor Networks[C]. Proceedings of the 5th Annual ACM/IEEE International Conference on Mobile Computing and

Networking, 1999:174-185.

[17] BAHL P, PADMANABHAN V N. Radar: An in-building RF-based user location and tracking system[C]. Proceedings of the IEEE INFOCOM 2000, IEEE Computer and Communications Societies, 2000(2):775-784.

[18] 任丰原, 黄海宁, 林闯. 无线传感器网络[J]. 软件学报, 2003, 14(7):1282-1291.

[19] 樊尚春. 传感器技术及应用[M]. 北京: 北京航空航天大学出版社, 2010.

[20] HALL D L, LLINAS J. Handbook of Multisensory Data Fusion[M]. Florida: CRC Press, 2001.

[21] HEINZELMAN W, CHANDRAKASAN A, BALAKRISHNAN H. Energy-Efficient Communication Protocol for Wireless Micro Sensor Networks[C]. Proceedings of the 33rd Annual Hawaii International Conference on System Sciences, 2000:3005-3014.

[22] 崔莉, 鞠海玲, 苗勇, 等. 无线传感器网络研究进展[J]. 计算机研究与发展, 2005, 42(1):164-174.

[23] 钱显毅. 传感器原理与应用[M]. 南京: 东南大学出版社, 2008.

[24] 石光明, 刘丹华, 高大化, 等. 压缩感知理论及其研究进展[J]. 电子学报, 2009, 37(5):1070-1081.

[25] KIM C G, SEO D H, YOU J S. Design of a Contactless Battery Changer for Cellular Phone[J]. IEEE Transactions on Industrial Electronics, 2001, 48(6):1238-1247.

[26] GILL H. Opening of the 1st National CPS PI Meeting[R/OL]. http://cps-vo.org/content/dr-helen-gill-opening-1st-national-cps-pi-meeting.

[27] 沈苏彬, 范曲立, 宗平, 等. 物联网的体系结构与相关技术研究[J]. 南京邮电大学学报(自然科学版), 2009, 29(6):1-11.

[28] SHA L, GOPALAKRISHNAN S, LIU X, et al. Cyber-Physical Systems: A New Frontier[C]. 2008 IEEE International Conference on Sensor Networks, Ubiquitous and Trustworthy Computing (SUCT 2008), 2008:1-9.

[29] WOLF W. Cyber-Physical Systems[J]. Computer, 2009(3):88-89.

[30] YING T, GODDARD S, REZL C P. A Prototype Architecture for Cyber-Physical Systems[J]. SIGBED Review, 2008,5(1):51-52.

[31] TANG H, TAN F, SONG B, et al. Cyber-Physical System Security Studies and Research[C]. 2011 International Conference on Multimedia Technology (ICMT'11), 2011:883-4886.

[32] 丁超，杨立君，吴蒙. IoT/CPS 的安全体系结构及关键技术[J]. 中兴通讯技术，2011(2):11-16.

[33] 王振东，王慧强，陈晓明，等. Cyber Physical Systems——物理网络系统[J]. 小型微型计算机系统, 2011(5):881-885.

[34] 王中杰，谢璐璐. 信息物理融合系统研究综述[J]. 自动化学报，2011(10):1157-1166.

[35] 刘祥志，刘晓建，王知学，等. 信息物理融合系统[J]. 山东科学，2010, 23(3):56-60.

[36] WAN K, HUGHES D, MAN K L. Composition Challenges and Approaches for Cyber Physical Systems[C]. 2010 IEEE International Conference on Networked Embedded Systems for Enterprise Applications (NESEA' 2010), 2010:1-7.

[37] 王志良. 物联网现在与未来[M]. 北京:机械工业出版社, 2010.

[38] 何积丰. CPS:从感知网到感控网[EB/OL]. http://www.gkong.com/item/news/2010/03/ 45382.html.

[39] STALLINGS W. 无线通信与网络[M]. 北京：清华大学出版社, 2005.

[40] 朱近康. 面向新一代移动通信的智能移动通信技术[J]. 电子学报, 1999(S1):9-15.

[41] 李馨，雷维礼. 宽带无线接入技术的现状及发展[J]. 通信与信息技术. 2005(4):52-56.

[42] 胡新华，杨继隆，姜伟，殷进军. 蓝牙技术综述[J]. 现代电子技术，2002(5):95-98.

[43] 白洁，刘亮. 无线局域网络综述[J]. 计算机工程与设计, 2004(3):108-110.

[44] 虞志飞，邬家炜. ZigBee 技术及其安全性研究[J]. 计算机技术与发展，2008(8):150-153.

[45] 王翔. 无线通信技术发展分析[J]. 通信技术, 2007(6):62-64.

[46] 何立民. 从嵌入式系统视角看物联网[J]. 单片机与嵌入式系统应用, 2010(10):5-8.

[47] 何立民. 物联网时代的嵌入式系统机遇[J]. 单片机与嵌入式系统应用，2011(3):1-3.

[48] 韩燕波，赵卓峰，王桂玲，刘晨物. 物联网与云计算[J]. 中国计算机学会通讯，2010, 6(2):58-63.

[49] WinterCorp. 2005 Top Ten Program Summary[R/OL]. http://www.wintercorp.com/WhitePapers / WC_TopTenWP. Pdf.

[50] 王珊，王会举，覃雄派，等. 架构大数据：挑战、现状与展望[J]. 计算机学报，2011, 34(10):1741-1752.

[51] 周傲英. “海量数据处理”专辑前言[J]. 计算机学报, 2011(10):3-4.

[52] MADDEN S, DEWITT D J, STONEBRAKER M. Database parallelism choices great ly impact scalability[J/OL]. http://www.databasecolumn.com/2007/10/database-parallelism- choices. html.

[53] DEAN J, GHEMAWAT S. MapReduce: Simplif ied dat a processing on large clust ers[C]. Proceedings of the 6th Symposium on Operating System Design and Implement tion (OSDI'04), 2004:137-150.

[54] ZONG P, QIN J, SHEN S. Research and Realization of Event Mechanism based on AIS[J]. Journal of Computational Information Systems, 2010, 6(12):3941-3950.

[55] 中国计算机学会大数据委员会, 中关村大数据产业联盟. 2014 年中国大数据技术与产业发展报告[M]. 北京:机械工业出版社, 2015.

[56] 赵国锋, 陈婧, 韩远兵, 等. 5G 移动通信网络关键技术综述[J]. 重庆邮电大学学报（自然科学版）, 2015, 27(4):441-452.

[57] 聂学武, 张永胜, 骆琴, 等. 物联网安全问题及其对策研究[J]. 计算机安全, 2010(11):7-9.

[58] 武传坤. 物联网安全架构初探[J]. 中国科学院院刊, 2010(4):411-419.

[59] 刘宴兵, 胡文平, 杜江. 基于物联网的网络信息安全体系[J]. 中兴通讯技术, 2011, 17(1):17-20.

[60] 王帅,沈军,金华敏. 电信 IPv6 网络安全保障体系研究[J]. 电信科学, 2010, 26(7):10-13.

[61] MEDAGLIA C M, SERBRANATI A. An Overview of Privacy and Security Issues in the Internet of Things[C]. The Internet of Things: Proceedings of the 20th Tyrrhenian Workshop on Digital Communications, 2010:389-394.

[62] 邵华, 范红, 张冬芳, 等. 物联网信息安全整体保护实现技术研究[J]. 信息安全与技术, 2011(9): 83-88.

[63] 张强华. 物联网安全问题与对策[J]. 软件导刊, 2011, 10(7):149-150+202.

[64] 何德全. 清醒、冷静地应对信息安全挑战[J]. 中国信息安全, 2010(2):1.

[65] 刘多. 物联网标准化进展[J]. 中兴通讯技术, 2012, 18(2):5-9.

[66] 张晖. 我国物联网标准化推进策略[R]. CIOTE' 2010, 2010.

[67] LEE E A. Cyber Physical Systems: design challenges[C]. The 11th IEEE Symposium on Object Oriented Real-Time Distributed Computing (ISORC'08), 2008: 363-369.

[68] YING T, VURAN M C, GODDARD S. Spatio-temporal event model for Cyber-Physical Systems[C]. Proceedings of 29th IEEE International Conference on Distributed Computing Systems Workshops, 2009:44-50.

[69] JING L, SEDIGH S, MILLER A. A general framework for quantitative modeling of dependability in Cyber-Physical Systems: a p roposal for doctoral research[C]. Proceedings of 33rd Annual IEEE International Computer Software and Applications Conference, 2009:668-671.

[70] DABHOLKAR A, GOKHALE A. An approach to middleware specialization for Cyber Physical Systems[C]. Proceedings of 29th IEEE International Conference on Distributed Computing Systems Workshops, 2009:73-79.

[71] KANG K, SON S H. Real-time data services for Cyber Physical Systems[C]. Proceedings of the 28th International Conference on Distributed Computing SystemsWorkshops, 2008:483-488.

[72] AKELLA R, MCMILLIN B M. Model-Checking BNDC Properties in Cyber2Physical Systems[C]. Proceedings of 33rd Annual IEEE International Computer Software and Applications Conference, 2009:660-663.

[73] OLESHCHUK V. Internet of things and privacy p reserving technologies[C]. Proceedings of 1st International Conference on Wireless Communication, Vehicular Technology, Information Theory and Aerospace & Electronic Systems Technology, 2009:336-340.

[74] LEUSSE P D, PERIORELLIS P, DIMITRAKOS T, et al. Self Managed Security Cell, a Security Model for the Internet of Things and Services[C]. Proceedings of 1st International Conference on Advances in Future Internet, 2009:47-52.

[75] 张云霞. 物联网商业模式探讨[J]. 电信科学, 2010(4):6-11.

[76] 周洪波. 物联网技术、应用、标准和商业模式[M]. 北京：电子工业出版社, 2010.

[77] 杨震，黄卫东. 基于技术演化的物联网商业模式创新研究[J]. 江苏电信, 2011(6):12-15.

[78] LEE J, BAGHER B, KAO H A. A cyber-physical systems architecture for Industry 4.0-based manufacturing systems[J]. Manufacturing Letters, 2015(3):18-23.

[79] EVANS P C, ANNUNZIATA M. Industrial Internet: Pushing the boundaries of minds and machines[EB/OL]. https://www.ge.com/docs/chapters/Industrial_Internet. pdf.

[80] 姚锡凡，景轩，张剑铭，等. 走向新工业革命的智能制造[J]. 计算机集成制造系统，2020(9):2299-2320.

[81] 黄培. 对智能制造内涵与十大关键技术的系统思考[J]. 中信通讯技术，2016(5):7-10,16.

[82] 李文迪，陈华伟，伍权，徐卫平. 设备上云技术研究现状与展望[J]. 机床与液压，2020(15):194-198.

[83] 罗军舟，何源，张兰，等. 云端融合的工业互联网体系结构及关键技术[J]. 中国科学：信息科学，2020(2):195-220.

[84] 吕文晶，陈劲，刘进. 工业互联网的智能制造模式与企业平台建设——基于海尔集团的案例研究[J]. 中国软科学，2019(7):1-13.

[85] 曹宏鑫，等. 农业模型发展分析及应用案例[J]. 智慧农业（中英文），2020(1):147-162.

[86] 赵春江. 智慧农业发展现状及战略目标研究[J]. 智慧农业（中英文），2019(1):1-7.

[87] 靳昊. 5G 赋能汽车自动驾驶——以中国移动河南公司联合宇通公司开展自动驾驶研发工作为例[J]. 信息系统工程，2020(9):94-95.

[88] 吴小帆. 智慧医疗与健康养老融合发展研究[J]. 智能建筑与智慧城市，2021(2):27-29.

[89] 崔征乔，刘振红. “医养结合”的智慧健康养老服务体系研究[J]. 信息技术与标准化，2019(6):20-23.

[90] 吴维海，郭慧文. 智慧城市与节能环保产业的协同策略研究[J]. 全球化，20154(4):99-116.

[91] 宗平，朱洪波，黄刚，等. 智慧校园设计方法的研究[J]. 南京邮电大学学报（自然科学版），2010, 30(4): 15-19+51.